Michael Wagner

Beyträge zur philosophischen Anthropologie

und den damit verwandten Wissenschaften

Michael Wagner

Beyträge zur philosophischen Anthropologie
und den damit verwandten Wissenschaften

ISBN/EAN: 9783744700443

Hergestellt in Europa, USA, Kanada, Australien, Japan

Cover: Foto ©berggeist007 / pixelio.de

Weitere Bücher finden Sie auf **www.hansebooks.com**

Beyträge
zur
philosophischen Anthropologie
und den
damit verwandten Wissenschaften.

Herausgegeben

von

Michael Wagner.

Zweytes Bändchen.

Wien,
bey Joseph Stahl und Compagnie.

1796.

Dem

Hoch- und Wohlgebohrnen Freyherrn

Alexander von Podmanitzky,

K. K. Rath, und Directorial-Hofsekretär,

zum Beweise

seiner innig gefühlten Verehrung.

Von dem Herausgeber.

Vorrede.

Der aufmunternde Beyfall, mit welchem das erste Bändchen dieser Beyträge in einigen gelehrten Zeitschriften aufgenommen wurde, bewog mich zur Herausgabe des Zweyten. Bey diesem Unternehmen, welches in meiner Liebe zur Anthropologie seinen ersten Grund hat, setzte ich mir mehrere Zwecke vor, die ich zugleich zu erhalten wünschte. Zuförderst wollte ich hiedurch den Liebhabern und Kennern der Anthropologie eine Gelegenheit verschaffen, ihre Gedanken über die einzelnen zur Menschenkunde gehörigen Gegenstände, welche ein künftiger Bearbeiter der Anthropologie benutzen könnte, dem Publikum mitzutheilen,

len, zumahl da die meisten Zeitschriften welche für ähnliche Materialien bestimmt waren, bereits aufgehört haben. — In dieser Hinsicht legte ich diesen Beyträgen den Begriff der Anthropolgie im weitesten Verstande zum Grunde. —

Nächstdem wünschte ich durch diese Schrift in meinen Vaterlande (Ungarn), wo man sich von jeher mit methaphysischen Speculationen unterhalten, und die Metaphysik (deren gute Seiten ich, wenn sie kritisch ist, und innerhalb ihrer Gränzen bleibt, keineswegs verkenne) auf den meisten Schulen, mit vorzüglichem Eifer gelehrt hat, etwas zur Ausbreitung des für das gemeine Leben nützlichern Studiums der Anthropologie beyzutragen, und einige zur Bearbeitung dieser Wissenschaft, und zur Aufsammlung der merkwürdigen Erscheinungen des menschlichen Geistes, und anderer zur Menschenlehre gehörigen Beobachtungen zu veranlassen. —

Ich bestimmte daher eine eigene Rubrik für die anthropologischen Thatsachen, Geschichten und Erzählungen. — Viele scheinen

nen der Meynung zu seyn, daß solche Facta ohne beygefügtes Räsonnement, zur Bereicherung der Anthropologie wenig beytragen, und halten sie für ganz entbehrlich und überflüßig. Allein mir däucht, daß, ehe man in Erfahrungswissenschaften Theorien und Hypothesen aufstellt, man mehrere Thatsachen vergleichen, die verschiedenen Beobachtungen auf allgemeine Regeln und Gesetze zurückführen, und erst dann auf ein Princip einer Erfahrungswissenschaft denken müsse. — Außerdem sehen verschiedene Menschen das nähmliche Factum aus verschiedenen Gesichtspuncten an, und werden nicht selten durch das Räsonnement des Erzählers, der seine Hypothese meistens schon in der Erzählung durchschimmern läßt, in der Beurtheilung derselben irregeführt. — Um jedoch auch hierinn den Wunsch einiger zu befriedigen, habe ich hier und da den Thatsachen einige Reflexionen beygefügt, bin aber bereit, fremde Urtheile und Belehrungen darüber mit Dank zu benutzen. —

Wien im März 1796.

Der Herausgeber.

Seite.

Abhandlungen:

Ueber Melancholie, von Joh. Benj. Erhard. . 1

Von der wahren und scheinbaren Dauer der
    Zeit in psychologischer Rücksicht. . . . 67

Ueber den eigennützigen und uneigennützigen
    Trieb in der menschlichen Natur . . . 88

Ueber die Sitten und den Geschmack der Grie-
    chen in Rücksicht auf Freundschaft und
    Liebe. 127

Anthropologische Thatsachen 227

Ueber die Melancholie.

Quanto longius a corporali habitu atque usu res recedunt, eo inanior certe de illis est omnis speculatio et impeditior conceptus. Luculentum ejus rei testimonium offerunt nobis vatiae perturbationes mentis; de quibus prolixe argutari quidem datur, argumentari autem, et conceptum solidum formare irritus simpliciter est conatus.

Stahl.

Diese Worte des denkenden Stahls sollen mich auffordern, in dieser Untersuchung sehr behutsam zu Werke zu gehen, und besonders zu unterscheiden, was sich auf bestimmte Beobachtungen und auf erkannte Gesetze des menschlichen Geistes und Körpers gründet, und was bloß ein Versuch von mir ist, die anomalischen Erscheinungen des Wahnsinns auf die allgemeinen Gesetze zurückzuführen. Vor allen muß man auf die angeblichen Ursachen des Wahnsinns sehr aufmerksam seyn. Was man in den Beobachtungen der berühmtesten Anatomiker darüber findet, gründet sich gewöhnlich auf den Trugschluß: wir fanden dieß in dem Körper eines Wahnsinnigen, also war es die

Urſache des Wahnſinns. Ferner iſt auch nöthig, daß man nicht die Aeuſſerung eines Wahnſinnigen immer für den Gegenſtand ſeines Wahnſinns halte. Aus dem Vorgeben eines Wahnſinnigen, daß ſeine Füſſe von Glas wären, iſt noch gar nicht zu ſchließen, daß dieß das Object ſeines Wahnſinns ſey, denn er kann dieß vielleicht andern Menſchen nur vorſpiegeln wollen, um einen gewißen Zweck, den er ſehr geheim hält, zu erreichen. Was die Erfahrungen über die Cur des Wahnſinns betrift, ſo iſt gleichfalls eine große Behutſamkeit darinnen nöthig, um auszumitteln, was eigentlich geholfen. Bey einer Krankheit, die bey einiger Geneigtheit durch einen Traum bisweilen entſtehen, und durch etwas ähnliches auch wieder im glücklichen Fall curirt werden kann, kann ſich der Arzt gar zu leicht das Verdienſt zuſchreiben, dem Kranken geholfen zu haben, da er doch nichts Gutes an ihm that, als daß er ihn nicht tödtete. Wenn man mit dieſen Vorſichten noch eine genaue Beſtimmung der Verſchiedenheit der Verrückungen verbindet, und keine von einander in ihren Wirkungen verſchiedene mit einander verwechſelt, ſo kann man doch wohl endlich hoffen, auch in dieſer Claſſe von Krankheiten auf den Weg zu kommen, auf dem man Erfahrungen machen kann.

Zeichen des Wahnsinns und Unterschied von andern Verrückungen.

In dem Versuch über die Narrheit *) gab ich von der Melancholie folgende Beschreibung. Bey der Melancholie zeigt sich in den Handlungen zwar Ueberlegung und Thatkraft; aber erstere nur unter falschen Voraussetzungen, oder zu Gunsten eines thörichten Zweckes, dessen Aenderung nicht mehr in der Willkühr des Kranken zu stehen scheint, und letztere ist entweder fast allein auf diesen Zweck, jenen Voraussetzungen gemäß gerichtet, ohne doch besonders erhöht zu seyn, oder sie ist, wenn sie nicht für diese Zwecke oder jenen Voraussetzungen gemäß handeln kann, wovon ob es seyn könne oder nicht, noch einiges Bewußtseyn vorhanden ist, völlig unthätig. Wenn die Momente dieser Beschreibung unter allgemeinere Begriffe gebracht werden, so ergiebt sich folgende Erklärung der Melancholie: sie ist eine durch die Phantasie (nicht durch Triebe oder falsche Anschauungen) unwillkührliche (deswegen noch nicht unvermeidliche) dauernde Bestimmung des Begehrungsvermögens. Sie unterscheidet sich also von der Narrheit dadurch, daß bey dieser das Begehrungsvermögen durch eine täuschende Vorstellung nicht bloß bestimmt, sondern befrie-

---

S. Iter B. S. 104.

friebigt ist, und von der Raserey, daß bey dieser gar keine erkennbare Bestimmung desselben, durch zusammenhangende Vorstellungen mehr wahrzunehmen ist. Da ich das deutsche Wort Wahnsinn genau passend finde, so werde ich mich desselben ins künftige anstatt Melancholie bedienen. Der Unterschied zwischen Wahnsinn, Narrheit und Raserey ist schon in dem Versuch über die Narrheit hinlänglich durch Beyspiele erläutert worden, jetzt ist also nur noch nöthig die Kennzeichen des Wahnsinns und seinen Unterschied von Verwirrungen und Tollheiten näher zu bestimmen.

Die Kennzeichen des Wahnsinns lassen sich am besten in allgemeine, die dem wahnsinnigen Zustand überhaupt eigen sind, und in besondere, die die Art des Wahnsinns zu erkennen geben, eintheilen.

Die allgemeinen Kennzeichen des Wahnsinns sind folgende:

1) Das äussere Ansehen. Bey angehendem Wahnsinn wird der Kranke sowohl an dem Gesicht, und den äussern Theilen des Körpers, als auch im Munde bleicher, als seine gewöhnliche Farbe war, in der Folge neigt sich die Farbe in das braungelbe, und öfters zeigen sich gelbe, rothe, braune und schwärzliche Flecken. Die Stellung drückt Unbehaglichkeit sich zu bewegen aus. Er ist entweder traurig oder lacht unnatürlich. Meistens werden sie mager.

2)

2) Das Benehmen. Er wird zu allem, was nicht mit seinem Wahnsinn in Verbindung stehet, träge, hält aber bey allem, was mit diesem in Verbindung stehet, mit großer Anstrengung und Beharrlichkeit aus. Die Hemmung in seinen Lieblingsbeschäftigungen bringt ihn entweder auf, oder macht ihn ganz unthätig. Er ist am liebsten allein. Im Umgange sind die Wahnsinnigen affectvoll oder verstockt. Gegen manche Personen haben sie eine völlig grundlose Antipathie. Bey Gegenständen, die sie sonst sehr interessirten, sind sie meistens völlig kalt.

3) Der Puls zeigt oft gar nichts unnatürliches, gewöhnlich ist er langsam, und dieß bisweilen bey einer Anstrengung, die dem Puls eines gesunden Menschen einen geschwindern Gang geben würde. Sie gerathen daher selten durch körperliche Anstrengung in Schweiß. Unveranstaltete Schweiße finden sich aber öfters ein.

4) Die Excretionen sind sparsam. Der Urin weiß und ungekocht, der Koth hart und schwarz. Oft bekommen sie Hämorrhoiden und auch andere Blutflüsse, und zu Zeiten Durchfälle. Meistens spucken sie im Anfange häufig aus.

5) Was die Nahrung betrift, so verschmähen sie oft lange Zeit Speise und Getränke, und verschlingen dann wieder alles mit heisser Begierde.

6)

6) Kälte und bisweilen auch Hitze können sie in ausserordentlichem Grade vertragen. Widerliche Gerüche sind ihnen oft erträglich, und oft beschweren sie sich darüber, ohne daß sie da sind. Viele Sachen können sie gar nicht riechen.

7) Bisweilen haben sie Aufstoßen, besondern Geschmack im Munde und Blähungen.

8) Sie scheinen meistens mit einem gewissen Gegenstande beschäftigt, und in tiefen Gedanken zu seyn, oft urtheilen sie nur über diesen Gegenstand unrichtig, über andere Gegenstände aber, wenn es möglich ist, ihre Aufmerksamkeit darauf zu richten, so gut als im gesunden Zustande, und man kann öfters mit ihnen umgehen, ohne ihren Wahnsinn anders kennen zu lernen, als durch einige der von 1 — 7 angegebenen Kennzeichen.

9) Wo viele von diesen Kennzeichen zusammentreffen, da kann man Melancholie vermuthen, diese Vermuthung wird zur Gewißheit, wenn sich ihr Wahnsinn durch ihre Aeusserungen zeigt, und man dadurch die Befangenheit ihres Begehrungsvermögens kennen lernt. Der Character des Wahnsinnigen ändert sich oft gänzlich um. Gottesfürchtige fluchen, und Keusche singen obscöne Lieder, die sanftesten Menschen werden jähzornig, und die wildesten verlieren bisweilen allen Muth.

Die besondern Kennzeichen lassen sich am besten bey den verschiedenen Arten des Wahnsinns angeben.

Am leichtesten kann die Melancholie unter der Ordnung von Verrückungen, die ich Verirrungen (halucinationes) nannte, mit dem Irrsinn (Paraphrosyne) verwechselt werden. In dem Irrsinn kommen dem Kranken, aus Verstimmung seiner Organe oder durch die Lebhaftigkeit seiner Phantasie Vorstellungen, denen er objective Gültigkeit beylegt, die sie nicht haben. Allein diese Vorstellungen bestimmen nicht sein Begehrungsvermögen wider seine Willkühr, sondern er behält bey ihnen die nähmliche Freyheit in seiner Handlungsweise, die er haben würde, wenn diese Vorstellungen gültig wären. Das öfters in den Abhandlungen über die Melancholie gebrauchte Beyspiel jenes Griechen, der ohne daß jemand auf dem Theater war, die treflichsten Schauspiele zu sehen glaubte, gehört wahrscheinlich hieher. Seine Phantasie irrte, aber dieser Irrthum hatte keinen andern Einfluß auf ihn, als die Wahrheit gehabt hätte. Wenn es richtig ist, daß er geheilt wurde, und daß er jene Visionen verlohr, so hat sich alsdann erst sein Wahnsinn zeigen müssen; er hat glauben müssen, daß ihm seine Feinde diesen Streich gespielt haben, weil sie ihm kein Vergnügen gönnen wollten. Er hat sich einbilden müssen, daß man ihm sein Leben verbittern, und ihn unglücklich machen wollte. Nicht das Sehen der Schauspiele, sondern der unwiderstehliche Hang

sie zu sehen, und das Unvermögen an irgend etwas
anderem Geschmack zu finden, war der Antheil, den
Wahnsinn an seinem Zustande haben konnte. Die
bloße Einbildung, Schauspiele, die nicht gespielt
wurden, zu sehen, war nur Irrsinn. Der Irrsinn
besteht in dem Unvermögen, den Gang der Phantasie
den Gesetzen des Verstandes zu unterwerfen, und in
dem Mangel der Besonnenheitskraft, die äussern Eindrücke von den Darstellungen der Einbildungskraft
zu unterscheiden. Er ist in Träumen ohne die physiologischen Symptome des Schlafs. Daß sich Irrsinn
mit dem Wahnsinn vereinigen kann, und daß er öfters
vorbereitende Ursache von diesem, und der Wahnsinn
auch vom Irrsinn ist, ist sehr begreiflich. Und wahrscheinlich erzeugt sich der Wahnsinn, der öfters nach
heftigen Fiebern zurückbleibt, durch das Medium des
Irrsinns. Nächst dem Irrsinn kann die Hypochondrie
sehr leicht mit der Melancholie verwechselt werden.
Der ängstliche Zustand, den sie hervorbringt, und
die vielen physiologischen Zeichen, die sie mit dem
Wahnsinn gemein hat, machen es oft schwer, eine
Gränze zwischen beyden zu finden. Die Gränze findet
sich auch nur in der Freyheit des Begehrungsvermögens von den Vorstellungen der Gefahr, in der man
wegen seiner Gesundheit zu stehen glaubt, abstrahiren
zu können. Solange der Hypochondrist nur an seine
ängstlichen Vorstellungen glaubt, aber diesen Glauben sich gerne nehmen ließe, so lange er will, daß

ihm

ihm geholfen werde, so lange ist er noch nicht wahnsinnig. Hat aber einmal eine Vorstellung völlige Herrschaft über ihn, und bestimmt sie ihn völlig in seiner Handlungsweise, so ist er wahnsinnig. Sehr richtig sagt Krüger: so lange es mit den Grillen eines Menschen über seinen körperlichen Zustand und die Verhältnisse der ihm umgebenden Sachen und Personen nur bey Einfällen und Vorsätzen bleibt; so lange ist er nur hypochondrisch, handelt er aber consequent nach ihnen und wechselt nicht mehr darinnen ab, so ist er melancholisch. Dem Hypochondristen kann es heute einfallen, seine Füsse seyen so gebrechlich als Glas, aber morgen sind sie vielleicht so weich wie Wachs, und nächstens sind sie so schwer wie Bley. Der Wahnsinnige aber bleibt seiner Einbildung getreu. Ein Mensch, der hypochondrisch war, bildete sich ein, seine Lippe sey zu einer ungeheuren Größe aufgeschwollen. Einer meiner Freunde sagte ihm das Gegentheil, und ließe ihn in den Spiegel sehen, wo er sich überzeugen konnte, daß seine Lippe nicht im geringsten größer als gewöhnlich war, aber dieß half nichts, ein Bekannter, der zu ihm kam, gab ihm recht und sagte ihm, daß es schon wieder vergehen wird. Den andern Tag kam er wieder, und erzählte, daß seine Lippe über Nacht eingesessen wäre. Wäre er wahnsinnig geworden, so würde er nie mehr von dieser Vorstellung einer großen Lippe, die sich so weit vergrößert haben würde, als seine Einbildungskraft sie

klar

klar darzustellen vermochte, abgegangen seyn. Wie
leicht der Schritt von der Hypochondrie zum Wahn=
sinn gethan wird, werde ich weiter unten zeigen. Un=
ter den Tollheiten giebt es kaum eine, die nicht leicht
von dem Wahnsinn zu unterscheiden wäre. So lange
der Trieb der Grund des Betragens ist, so lange ist
noch kein Wahnsinn da, erst dann, wenn dem Trieb
eine erdichtete Ursache zum Grunde gelegt wird,
oder wenn das daraus befürchtete Unglück alle See=
lenkräfte beherrscht, fängt der Wahnsinn an. Das
Heimweh wird alsdann erst Wahnsinn, wenn es Le=
bensverdruß erzeugt. Das Aufschrecken (Panopho-
bia) erst dann, wenn sich eine bestimmte Vorstellung
des Gegenstands des Erschreckens bildet. Noch ge=
nauer wird sich der Wahnsinn von damit verwandten
Arten der Verrückungen, bey der Bestimmung der
Arten des Wahnsinns von selbst ergeben. Den Unter=
schied des Wahnsinns von der phrenitis, paraphre-
nitis, cephalitis und überhaupt von den symptomati=
schen Verrückungen bey andern Krankheiten anzugeben,
halte ich für überflüssig, weil es allgemein bekannt ist.

Verschiedenheit des Wahnsinns.

Bey der Bestimmung der Arten des Wahnsinns
muß vorzüglich auf die Art der bey ihm vorkom=
menden fixirten Vorstellungen Rücksicht genommen
werden. Keine erschöpfende Classification kann hier
nicht Statt finden, denn diese müßte eine unüber=
seh=

sehbare Menge von Arten des Wahnsinns geben. Man muß sich hier nur auf gewisse Hauptarten der Vorstellungen, die eine auffallende Veränderung der Aeusserungen des Wahnsinns hervorbringen, einschränken.

Ueberhaupt können wir die fixirten Vorstellungen in solche eintheilen, die einen an sich möglichen Fall des menschlichen Lebens betreffen, und in solche, die phantastisch sind, und unter keinen Umständen einen reellen Gegenstand haben können; dann in solche, die eine Folge eines Affects sind, der durch sie zur Leidenschaft ausgedehnt wird, und in solche, die von Affecten begleitet werden; ferner in solche, die einen bestimmten Zustand als Gegenstand der Sehnsucht, und in solche, die einen andern als Gegenstand des Abscheus zum Zweck des Begehrungsvermögens bestimmen.

Unter die erste Classe gehören also alle, die mögliche Uebel betreffen, die aber von den Kranken gar nicht oder nicht in hohem Grad zu fürchten wären; sie erzeugen die gewöhnliche Art des Wahnsinns. Die phantastischen Vorstellungen betreffen entweder eine Einbildung von einer Veränderung des Körpers überhaupt, oder eines Theils desselben, oder eine fremde Einwirkung, oder einen unmöglichen Fall überhaupt. Die Affecte begleitende und die Affecte erregende Vorstellungen sind nach den Affecten zu unterscheiden. Unter diesem wirkt der Affect der Boshaftigkeit, gegen die Menschen überhaupt, oder gegen gewisse, oft sehr sonderbare Erscheinungen.

Die

Die Vorstellungen, die Sehnsucht oder Abscheu erregen, haben entweder ihren Gegenstand in der sinnlichen Welt, oder sie setzen ihn in die übersinnliche. Die Aeusserungen und auch die Behandlungsart der Wahnsinnigen, weichen nach diesen Verschiedenheiten oft sehr von einander ab. Nach diesen Eintheilungsgründen glaube ich folgende Arten des Wahnsinns als specifisch verschieden festsetzen zu können.

1) Gemeiner Wahnsinn. (Schwermuth) (Melancholia vulgaris.) Der Kranke fürchtet Uebel, von denen er oft gänzlich entfernt ist, oder ist einer Angst ausgesetzt, die ihm aller freyen Thätigkeit beraubt, und von der er keinen Grund anzugeben weiß, oder einen solchen angiebt, der gerade seinen Wahnsinn beweißt. Van Swieten erzählt die Geschichte eines sonst sehr vernünftigen Mannes, der, als er erfuhr, daß einige Personen von einem wüthenden Hunde gebissen wurden, darüber in den Wahnsinn verfiel, sich von Niemanden berühren zu lassen, um nicht angesteckt zu werden. Sauvages kannte einen reichen Geistlichen, der glaubte vor Armuth Hunger sterben zu müssen, und der beständig im Bette liegen blieb, um seine Kleider nicht zu zerreissen. Personen, die von diesem Wahnsinn ergriffen sind, urtheilen, wenn die fixirte Vorstellung sie nicht so stark beherrscht, daß sie gar keinen andern Gegenstand ihre Aufmerk-

merksamkeit schenken, in andern Sachen so vernünftig, wie in ihrem gesunden Zustande.

2) Lebensüberdruß. (M. tædium vitæ) Dieser
Art Wahnsinn ist vorzüglich in England sehr ge=
mein. Der Kranke weiß sich über Nichts zu
beklagen, aber Nichts kann ihn fröhlich ma=
chen, kein Gegenstand zieht ihn an, er sehnt
sich nach einer Veränderung seines Zustands,
die ihm auf dieser Welt unmöglich scheint.
Man hat Beyspiele, daß dieser Wahnsinn epi=
demisch wurde. Wenn der Selbstmord eine
bestimmte Veranlassung hat, so kann er
nicht immer unter diese Art Wahnsinn gerechnet
werden, er kann ein freyer Entschluß seyn, sein
Leben eher aufzuopfern, als dieß oder jenes zu
erdulden, oder seines Zwecks zu verfehlen. Die
Handlung ist dann zwar unbesonnen, aber nicht
wahnsinnig. Das Heimweh erzeugt öfters Le=
bensüberdruß.

3) Furcht vor Träumen. (M. oneirodynia) Der
Kranke hat hier nicht bloß schreckliche Träume,
sondern ein Schweben zwischen den Glauben
an die Wirklichkeit des Traums, und den Be=
wußtseyn, daß es ein Traum war, quält ihm
auch noch bey Tage. Er wird zu allen Ge=
schäften verdrießlich, fürchtet sich auf die Nacht
und erwacht mit Angst. So lange die Lage so
bleibt, so verdient diese Krankheit kaum den
Nah=

Nahmen des Wahnsinns, sondern macht nur den Uebergang von dem Aufschrecken zum Wahnsinn. Leicht aber wird es so arg, daß er seine Träume für Wahrheit hält, und in andere Arten des Wahnsinns dadurch verfällt. Sehr leicht entsteht daraus die Vorstellung von bösen Geistern geängstet zu seyn, oder von bösen Menschen im Schlafe beunruhigt zu werden. Es bildet sich bisweilen daraus die Furcht vor dem Alp und den Vampirs.

4) Einbildung einer gänzlichen Verwandlung des Körpers. (M. metamorphoseo - threscia.) Der Kranke glaubt kein Mensch oder eines andern Geschlechts als er ist, zu seyn. Die Erzählungen von diesem Zustande sind sehr bekannt. Die Arten des Wahnsinns nach den Beyspielen, die man von solchen Einbildungen hat, zu bestimmen, führt zu einer für die Heilkunde unnützen Vervielfältigung der Arten. Die Kranken von dieser Art sind den bisher gesammelten Beobachtungen zu Folge gewöhnlich ganz gesund, und es finden sich meistens sehr wenige von den oben 1—7 angegebenen Kennzeichen der Melancholie bey ihnen ein.

5) Einbildung eines gewissen Zustands des Körpers, in dem sich der Kranke nicht befindet. (M. hypochondriaca) Die Sonderbarkeit der Einbildungen, die sich manche Menschen machten,

theils

theils von Krankheiten, die sie nicht hatten, theils von der Beschaffenheit ihres Körpers, als wären sie von Butter, ihre Füße vom Glase; ihre Knochen wie das Wachs so weich u. s. w. haben sich zu sehr merkwürdig gemacht, als daß es nöthig wäre, einzelne Beyspiele anzuführen. Es sind diese Einbildungen als unvermeidlich gewordene hypochondrische Grillen anzusehen. Von dem Wahnwitzigen sind diese Kranken dadurch verschieden, daß sie sich nicht in diesen Grillen zu gefallen scheinen. Vorzüglich ist es bey dieser Art des Wahnsinns und bey der übrigen nothwendig, aufmerksam zu seyn, ob der Kranke wirklich die Einbildung, die er vorgiebt, hat, oder ob er nur eine andere dadurch maskiren will. Die Art, wie man meistens diese Geschichten erzählt findet, läßt dieß in Ungewißheit. Wer in Narrenhäusern beobachtet hat, auf welche sonderbare Art öfters Wahnsinnige und Wahnwitzige, andere Menschen gewissermaßen zu Narren haben wollen, der wird nicht sogleich an das Vorgeben dieser Wahnsinnigen glauben, und vielleicht finden, daß öfters ein solcher Kranke unter die weiter unten zu beschreibenden boshaften Wahnsinnigen gehört.

6) Todesfurcht (M. thanatophobia.) Die gemeinste Classe dieser Wahnsinnigen sind die eingebildeten Kranken. Sie unterscheiden sich von den

Hy=

pochondristen dadurch: daß sie ohne körperliche Zufälle, jene aber wirklich kränklich sind; daß die Furcht zu sterben der Grund ihrer Klagen und Besorgnisse ist, die Hypochondristen aber nur über die Krankheit klagen, und diese bloß als solche, nicht als Weg zum Tode, fürchten, und in ihrer Einbildung vergrößern. Sie klagen über Schwindel, Kopfwehe, schwachen Magen, Schlaflosigkeit, Mattigkeit, Herzklopfen, Engbrüstigkeit, und über mehrere Uebel, sobald ihnen nur das Wort dazu einfällt, und sehen gesund aus, und essen, trinken und schlafen wenigstens so gut, als hundert andere Personen, denen es nicht einfällt, sich zu beklagen. Ihre Einbildung entsteht aus einer immerwährenden Furcht vor dem Tode, wodurch sie von der geringsten Empfindung in ihren Körper, die sie nicht für natürlich halten, in Angst gesetzt werden. Sehr oft weinen sie daher, wenn sie allein sind, und seufzen ohne Grund. Finden sie bey den Personen, denen sie klagen, kein Gehör, so suchen sie selbige zu überreden, daß sie den Tod eher wünschten, als fürchteten, um sie um so leichter von der Wirklichkeit ihrer übeln Zufälle zu überzeugen. In ihrer Diät fallen sie oft auf die wunderlichste Lebensart; bald verhüllen sie sich gegen jedes Lüftgen, und bald fürchten sie ein wenig Schweiß, wie den Tod. Eine Menge

Spei-

Speisen und Getränke dürfen sie ihrer Einbildung nach nicht genießen, und viele Oerter vermeiden sie als ungesund, wo sich die übrigen Menschen wohl befinden. Einem Arzt, der nicht ihre Sprache gewohnt ist, und glaubt sie heilen zu müssen, können sie leicht selbst krank ärgern. Sehr oft entwickelt sich aus der Furcht vor dem Tode die Einbildung, daß man ihnen nach dem Leben strebe. Uebrigens ist dieses die zahmste Art von Wahnsinnigen, die ihre Geschäfte meistens gut und richtig besorgen.

7) Das Verzaubertseyn. (M. Bascanophobia.) Die Kranken bilden sich ein, alles, was sie umgiebt, sey verzaubert. Sie leiden deswegen oft kein Kleid auf dem Leibe, wollen nichts essen und trinken, oder haben andere Arten von Einbildungen, die sich auf Besprechungen und dergleichen beziehen, das sie ängstigt. Ich kannte einen Mann, der zu einem Advokaten kam, um bey der Obrigkeit die Anzeige machen zu lassen, daß ihn die Polizeybedienten überall verfolgten; wenn er tränke oder äße, so setzten sie sich Fingersgroß auf den Löffel oder den Krug, und äßen und tränken alles weg, so daß Nichts in den Magen käme, und er endlich jämmerlich umkommen müße. Er wisse zwar, fügte er hinzu, daß diese Leute dergleichen Zaubereyen können müßten, um die Spitzbuben zu fangen, aber,

B   daß

daß sie ehrliche Bürger damit plagten, das müsse die Obrigkeit verbieten. Ein ihm von diesem Advokaten vorgelesener Befehl an die Polizeydiener, sich bey hoher Strafe nicht mehr gelüsten zu lassen, ihn zu verfolgen, beruhigte ihn, und er glaubte sich von seiner Plage befreyt.

8 Das Besessenseyn (M. Daemonomania.) Hierunter verstehe ich die wirkliche Einbildung des Kranken von einem bösen Geiste besessen zu seyn, oder geplagt zu werden. Ein Beyspiel davon s. 1. B. S. 284., Personen die sich nur so stellen, gehören, wenn sie besondere Absichten dadurch zu erreichen suchen, unter die Betrüger, und wenn es absichtlose Bosheit ist, unter eine andere Gattung des Wahnsinns. Wirklich Besessene wären kein Gegenstand der Heilkunst.

9) Die Hexenfurcht. (M. sagarum.) In diesem Zustand bildet sich der Kranke ein, daß er mit dem Teufel einen Bund geschlossen hätte, daß er Menschen und Vieh verzaubern könne, und manchmal gar, daß er mit dem Teufel Unzucht getrieben habe. Zu Anfang des vorigen Jahrhunderts war dieser Wahnsinn fast epidemisch, vorzüglich in der Schweiz und in Deutschland. Die Unwissenheit der damaligen Richter maß den Aussagen der Wahnsinnigen Glauben bey, und zwang unschuldige Personen durch die Folter nicht allein das gleiche Verbrechen

zu gestehen, sondern auch wieder andere unschuldige Menschen anzugeben. Niemand von einigem Gefühl wird die trefliche Schrift des Jesuiten Spee: Cautio criminalis seu de processibus circa sagas, die 1630. das erstemahl herauskam, ohne Rührung lesen können. Dieser Mann verdient die Achtung aller Jahrhunderte, und seine Schrift, die das Beste, was vielleicht je über die Tortur gesagt wurde, nebst noch vielem Treflichen zur Criminal=Jurisprudenz gehörigen enthält, verdient in jeder Gerichtsstube als eine Standarte der gesunden Vernunft aufgestellt zu seyn. Die Vernunft und Religion allein würde aber doch wenig über Dummheit und Bosheit vermocht haben, wenn ihr nicht eine päbstliche scharfe Bulle gegen die damaligen Gräuel in dem Verfahren der Richter, zu Hülfe gekommen wäre, wodurch denn auch die Protestanten anfiengen, etwas vernünftiger in dieser Sache zu handeln. Endlich gelang es Thomasius dem Aberglauben den letzten Stoß zu versetzen, so, daß er nur schwach sich hie und da in diesem Jahrhundert noch regen konnte. Diese Krankheit gehört nur dann zum Wahnsinn, wenn sie mit dem Willen des Kranken diese geträumten Handlungen wirklich zu begehen, verbunden ist, wo sie dann die Angst, die Seligkeit verscherzt zu haben, zur nothwendigen

digen Folge hat. Wenn dem Kranken nur vor=
kommt, als habe er einer Hexenversammlung
mit zugesehen, und sey er von dem Teufel ver=
sucht worden, ohne daß es sein Wille war, so
macht diese Krankheit nur eine Art des Irrsinns
(Paraphrosyne magica) aus. Nach der Ver=
schiedenheit der Religion bekommt diese Art
Wahnsinn bey verschiedenen Völkern verschiedene
Modificationen.

10) Der Vampirismus (Melancholia Vampirismus) Anstatt einer eigenen Beschreibung dieser
Krankheit will ich hier einen Auszug aus einer
actenmäßigen Relation liefern.

Actum den 7ten Jan. 1732.
In dem Dorfe Medwedia des Königreichs Servien.
Auf hohe Verordnung eines hochlöblichen Ober=
Commando ist gegenwärtige Inquisition vorgenom=
men, und von der Stallater Heyducken=Compagnie
Groschitz Habnack, Bariactar und ältester Heyd
des Dorfes folgermaßen summariter abgehört wor=
den. Welche einhellig aussagen, daß vor ungefähr
5 Jahren ein hiesiger Heyduck, Nahmens Arnod
Paole sich durch einen Fall vom Heuwagen den Hals
gebrochen; dieser hat bey seinen Lebzeiten sich öfters
verlauten lassen, daß er bey Cassova in dem türki=
schen Servien von einem Vampiren geplagt worden
sey, dahero von der Erden des Vampiren Grabes
gegessen, und sich mit dessen Blut geschmiert habe, um

von

von der gelittenen Plage entlediget zu werden. In 20 oder 30 Tagen nach seinem Todesfall, haben sich einige Leute geklaget, daß sie von obgedachtem Arnod Paule geplaget worden, wie dann auch wirklich 4 Personen von ihm umgebracht. Um nun dieses Uebel einzustellen, haben sie auf Einrathen ihres Hadnacks (welcher schon vorhin bey dergleichen Begebenheiten gewesen) diesen Arnod Paule, in beyläufig 40 Tagen nach seinem Tode ausgegraben und gefunden, daß er ganz voll und unverfehrt sey, auch ihme das frische Blut zu den Augen, Nasen und Ohren herausgeflossen, das Hembd, Uebertuch und Sarg ganz blutig gewesen, die alten Nägel an Händen und Füssen abgefallen, und dagegen andere neue gewachsen seyen. Weil sie nun daraus ersehen, daß er ein wirklicher Vampir sey; als haben sie denselben nach ihrer Gewohnheit, einen Pfahl durch das Herz geschlagen, wobey er einen lauten Schrey gethan, und ein häufiges Blut von sich gelassen, wornach sie den Körper gleich noch selbigen Tag zu Aschen verbrennet, und ins Grab geworfen. Ferner sagen obgedachte Leute aus, daß alle diejenigen, welche von den Vampiren umgebracht werden, auch wiederum dergleichen werden müßten, als haben sie die obberührten 4 Personen, auf gleiche Art exequiret.

Deme fügen sie auch hinzu, daß dieser Arnod Paule nicht allein die Leute, sondern auch das Vieh angegriffen, und das Blut ausgesauget, und weilen die Leute von diesem, Vieh das Fleisch genutzet; so zeigt sich aufs neue, daß sich wiederum einige Vampiren allhier befinden. Allermaßen in Zeit von 3 Monathen 17 jung und alte Personen mit Tod abgegangen, worunter einige ohne vorher gehabte Krankheit in 2 oder längstens 3 Tagen gestorben, und meldet der Heyduck Jehoviza, daß seine Schwiegertochter, Nahmens Stanoicka vor 15 Tagen frisch und gesund sich schlafen geleget, um Mitternacht aber ist sie mit einem entsetzlichen Geschrey, Furcht und Zittern aus dem Schlaf gefahren, und hat geklaget, daß sie von einem vor 9 Wochen verstorbenen Heyduckenssohn Millove sey um den Hals gewürget worden, worauf sie auch einigen Schmerzen auf der Brust empfunden, und von Stund zu Stund sich schlechter befunden, bis sie endlich den dritten Tag gestorben. Hierauf seyn wir auf den Freydhof gegangen, um die verdächtigen Gräber zu eröfnen, und die darinnen befindlichen Körper zu visitiren, wobey sich gezeiget: *)

I. Ein Weib Nahmens Stana war nach 2 Monathen noch ganz unverweset. Nach Eröfnung der Brust zeigete sich eine Quantität frisches extravasirtes Geblüthe, das Herz, Lunge, Leber, Milz,

Ma=

---

*) Anm. Ich gebe hier nur die Geschichten ausführlich, die etwas eigenes haben.

Magen und Gedärm, waren dabey in vollkommenen gutem Stande. Die Haut aber an Händ und Füssen, sammt den alten Nägeln fiel von sich selbst herunter, dagegen zeigten sich frische etwas mit Blut unterlaufene Nägel.

II. wie I.

III. Ein Kind das 90 Tage gelegen, hätte frisches Geblüth in der Brust und in Herzen, und neue Nägel an Händen und Füssen, das Gehirn aber war einer wohl concoctirten Materie gleich.

IV — VII. Aehnlich mit I.

VIII. Ein Weib nebst Kind das verwest war.

IX. Wie VIII. eben so X.

XI. Wie I. eben so XII. und XIII.

Nach geschehener Visitation sind denen sämmtlichen Vampiren die Köpfe heruntergeschlagen und sammt den Körpern völlig verbrennet, die Asche davon in das Wasser geworfen, die verwesete Leiber aber wieder in das Grab gelegt worden.

Actum ut supra

Büttner   Freyh. von Köttwitz.
Grenad. Oberstlieut.   Fähnd. von Alexander R.
lödl. P. Alex. R.

Johann Flückinges.

Reg. Feldscheerer Löbl. Baron Fürstenbach. Regim.

Bey den Vampirismen sind, wie man aus dieser Geschichte sieht, zwey besondere Umstände zu bemerken. Der passive Vampirismus, der blos eine Art

Art Wahnsinns ist, und der activ seyn sollende, der in einer besondern Disposition des Körpers besteht, wie die angeführten Leichenöfnungen zeigen. Ob beyde Zustände immer miteinander verbunden waren, und ob jeder der nach seinem Vorgeben durch einen Vampir starb, wirklich die lange Unverweßlichkeit, und das Wachsen der Nägel nach dem geglaubten Tode, als zur Krankheit gehörige Character, erhielt, daran giebt obige Relation selbst Ursache zu zweifeln, weil nach ihr drey verdächtige Leichname verweßt gefunden worden. Der eigenthümliche Character der Krankheit (Signum pathognomicum) bleibt daher immer die Einbildung, sterben zu müssen, weil man von verstorbenen Menschen geplagt und seines Bluts beraubt werde. Der Zustand des Körpers des Vampir ist höchst wahrscheinlich ein dem Winterschlaf der Thiere ähnliches Leben, das durch den, vom Wahnsinn veranlaßten höchsten Grad der Sinnlosigkeit zu einer solchen Schwäche herabgebracht wird. In den Jahren 725 35 war dieser Wahnsinn in Ungarn äusserst gemein, und Tournefort fand eine Stadt aus dieser Ursache ganz verlassen. Man findet aber schon ähnliche sehr alte Erzählungen, ehe noch der Nahme Vampir gemein wurde. Neuere Beobachtungen kenne ich nicht, und die genaue Erklärung und Beschreibung des Vampirs hat daher die Schwierigkeiten, die jede Sache hat, die man nicht mehr beobachten, und sich keine Zweifel über sie durch die Erfahrung

lösen

lösen kann. Da man Erzählungen antrift, daß die Vampiren nicht gesogen, sondern nur gewürgt hätten, auch daß sie ohne zu schaden erschienen wären, wie eine Frau aussagte, daß ihr verstorbener Mann in der Nacht seine Pantoffel geholt, um in ein anderes Dorf zu wandern, und d. gl. m.; so rechne ich allen Wahnsinn, bey dem der Kranke die Einbildung hat, daß er von Verstorbenen geplagt würde, unter den Vampirismus.

11) Wahnsinn aus Aberglauben. (M. superstitiosa) Hierunter verstehe ich den Wahnsinn, der daraus entsteht, daß sich jemand einbildet, er müsse sterben, oder ein ander Unglück ausstehen, weil er so geträumt oder eine Erscheinung gehabt u. b. m. Mir ist davon ein eignes Beyspiel bekannt. Ein Zuckerbäckergeselle, der sich öfters im Dunkeln Abends mit Zitterschlagen vergnügte, hatte die Erscheinung, als er nach seiner Gewohnheit im dunkeln Zimmer spielte, daß ein Bogen Papier zur Thür herein um seine Füsse herum, und dann wieder hinausflöge. Dieß erzeigte bey ihm sogleich den Gedanken, daß dieß seinen Tod bedeute. Seine Kameraden konnten ihn nicht davon abbringen, er ward traurig, still, verlohr allen Appetit und starb einige Wochen darauf.

12) Faselnder Wahnsinn. (M. delira.) Der Kranke hat eine wunderliche Grille im Kopf, die allem gesunden Verstand widerstreitet. Van Swieten führt ein Beyspiel von einem Mädgen an, die ihren Zeigefinger immer in die Höhe hielt, weil sie den Himmel damit tragen mußte. Ein anderer gab sich für tod aus u. s. w.

13) Wahnsinn aus Liebe. (M. erotomania.) Dieser Wahnsinn unterscheidet sich von der Nymphomanie und Satyrisie dadurch, daß der Kranke nicht geradezu den Beyschlaf, sondern nur den Besitz und die Liebe einer andern Person verlangt. Der Kranke hält seinen Gegenstand für göttlich, und befolgt jeden seiner Winke als ein unnachläßliches Gesetz. Ohne ihn ist er traurig, sucht die Einsamkeit, und sucht den Mangel der Gegenwart, durch die Phantasie zu ersetzen. In der Gesellschaft mit ihm ist er in Entzückung, und hat für nichts anderes Sinn. Er schläft nicht, sondern träumt nur. Bisweilen sucht er seine Sehnsucht zu übertäuben und wird fürchterlich lustig. Will er seine Liebe verbergen, so wird er bleich, matt und schwach, die Gegenwart des geliebten Gegenstands aber macht ihn roth, und verlegen, die Brust wird ihm enge, und der Puls schlägt schneller. Oft giebt sich dieser Wahnsinn von selbst wieder,

bis=

bisweilen aber geht er in Lebensüberdruß, oder in Narrheit, oder in den dumpfen Wahnsinn über.

14) Eifersucht. (M. zelotypia.) Ich schränke hier diesen Wahnsinn nicht bloß auf die Liebe ein, sondern rechne auch den darunter, der sich, wiewohl weit seltner aus der Freundschaft entwickeln kann. Der Kranke ist in einem beständigen ängstlichen Schweben zwischen Liebe und Haß, Achtung und Verachtung des geliebten Gegenstands. Er fühlt sich tief gekränkt, durch die ihm, wie er glaubt, zugefügte Kränkungen, und doch kann er sich nicht entschliessen, den geliebten Gegenstand zu verlassen. Sein Leben ist ihm zur Pein. Bald ist er seines Unfalls gewiß, und kann es doch nicht glauben, von der geliebten Person verrathen, und verkannt zu seyn, bald sieht er die Unschuld derselben, und kann sich doch nicht davon überzeugen. Unter allen Wahnsinnigen sind dieß vielleicht die unglücklichsten. Bisweilen geht dieser Zustand in Raserey (ein Beyspiel s. B. 1. S. 316.) bisweilen auch in dumpfen Wahnsinn über.

15) Boshafter Wahnsinn. (M. malitiosa.) Diese Art Wahnsinn wird oft mit andern Arten verwechselt. Der Kranke hat sich in den Kopf gesetzt andere Menschen zu verwirren, sie in Erstaunen
zu

zu setzen, und eine merkwürdige Rolle zu spielen. Er sucht sich besessen zu stellen, er macht sich künstliche Krankheiten, giebt sich für verzaubert, oder selbst für einen Zauberer aus, und sucht auf alle Art entweder andere Menschen unglücklich zu machen, oder in Bestürzung zu versetzen, ohne daß er einen wichtigen Nutzen davon hat. Einen Anfall dieses Wahnsinns beobachtete ich selbst. In das Julius Spital in Würzburg kam eine Weibsperson, die sagte, daß sie eine Geschwulst am Arm hätte. Wir erkannten sie für die nähmliche, die sich vor ein paar Wochen zu Ader gelassen hatte. Bey der Untersuchung fand sich, nicht weit von den Ort, wo ihr zu Ader gelassen wurde, eine Erhöhung, unter der man etwas hartes fühlte. Siebold öfnete sie, und zog zu seiner Verwunderung ein Stück Glas, 2 zusammengedrehete Haarnadel, und eine abgebrochene Nadel heraus. Er trug mir auf, sie zu examiniren. Im Anfange sagte sie, es müßten ihr es böse Leute, bey denen sie wohnte, angethan haben, und als ich sie ermahnte, mich nicht mit Lügen hintergehen zu wollen, so affektirte sie fürchterliche Krämpfe. Ich ließ sie gehen, und gieng zum Geistlichen, und ersuchte ihm, ihr das Gewissen zu schärfen, und ihr zu sagen, daß, wofern sie bey ihrer Aussage bleiben würde, de, man mit den Personen, die sie beschuldigte, die Probe machen würde, ob sie Zauberer wären, wofern sie aber diese Probe bestünden, so würde sie ausgepeitscht werden, und auf ewig ins Zuchthaus kommen. Er machte ihr diese Vorstellungen, ohne daß sie ihnen Gehör zu geben schien, allein so bald sie die Gelegenheit fand, so lief sie noch an demselben Tag aus dem Spital. Wahrscheinlich hat also dieß Weibsbild sich durch die Aderlaßwunde das Glaß und die Nadeln unter die Haut gestekt, und den Schmerzen nicht geachtet, um nur die hämische Freude zu haben, Auffsehen zu erregen, und gewisse Leute unglücklich zu machen. Da der erste Versuch mißlang, so scheint sie von dieser Bosheit geheilt worden zu seyn, denn sie begegnete mir ein Viertel Jahr nachher wieder auf der Straße. Ein anderes Beyspiel s. in Lentins Beyträgen zur ausübenden Arzneyw. S. 358. Um sich von einer geringen Arbeit, von etwas Unangenehmem zu befreyen, machen sich oft diese Wahnsinnigen die größten Schmerzen, arbeiten sich mit den heftigsten Convulsionen ab, und thun auf den vorzüglichsten Lebensgenuß Verzicht. In de Haens Ratio medendi finden sich merkwürdige Beyspiele, welchen Qualen sich diese Wahnsinnigen unterwarfen, um

nur

nur ihre boshaften Einfälle durchzusetzen. Es läßt sich im Grunde immer bey diesen Personen eine Art des Wahnsinns vorauszusetzen; denn bey gesundem Verstande könnten sie unmöglich so nichtige Zwecke mit so beschwerlichen Mitteln zu erreichen suchen.

16) Schwärmender Wahnsinn. (M. energica). Der Kranke fühlt sich von einem Gegenstand ganz hingerissen. Ihn zu erhalten, wenn es ein wirklicher ist, oder ihn zu realisiren, wenn es nur noch ein vorgestellter ist, ist sein einziges Streben. Er geht in seinen Bemühungen zwar mit Ueberlegung, aber ohne alle Rücksicht auf Gefahr für alles ausser ihm zu Werk; und er selbst achtet sein Leben für Nichts, so bald er glaubt seine Einbildung realisiren zu können. Schmerzen, Tod und Elend achtet er nicht, wenn er nur seinen Zweck zu erreichen hoffen kann, alle Menschen würde er ohne Scheu ausrotten, so bald sie seinem Vorsatz entgegen zu arbeiten scheinen. Er hält Anstrengungen aus, die unglaublich sind, und kann Grausamkeiten begehen, die unmenschlich sind. Dieser Wahnsinn hat verschiedene Grade, von denen die mindern selten mit den Nahmen Wahnsinn gebrandmarkt, sondern öfters mit dem Wort Eifer beschönigt werden.

Nicht

Nicht immer sind es schlechte Menschen, die von ihm befallen werden. Gute Menschen werden bisweilen ein Opfer ihrer Begeisterung für wichtige Gegenstände. Meistens aber ist die Verhärtung des Herzens, und der Mangel an Achtung für die Menschen der erste Schritt zu diesem, für andere meistens noch mehr als für den Kranken schädlichen Wahnsinn. Lange wird er oft verkannt, und hunderte lassen sich von einem Wahnsinnigen, den sie für einen Helden halten, dahinreissen. Ein unglükliches Beyspiel davon haben wir in neuern Zeiten an Robespierre. Ich werde vielleicht bey einer andern Gelegenheit zeigen, daß er, wenigstens in den letzten Monathen seines Lebens, wahrhaft wahnsinnig war. Ein auffallendes Beyspiel aus der ältern Geschichte ist Alexander. Wenn der Kranke einsieht, daß er seine Einbildung nicht realisiren kann, so verfällt er meistens in Raserey oder gemeinen Wahnsinn. Aeusserst selten wird er dadurch geheilt. Am traurigsten für die Menschheit wird er, wenn die Religion sein Gegenstand ist, wenn er sich als

17) eifernder Wahnsinn (M. Fanatica) äussert. Dieser wird leicht epidemisch. Unter allen Krankheiten, denen das Menschengeschlecht un-

terworfen ist, ist dieß die schädlichste und schrecklichste.

18) **Dumpfer Wahnsinn.** (M. attonita.) Der Kranke gewährt hier einen traurigen Anblick. Er ist gewöhnlich unbeweglich, wie eine Bildsäule. Er steht oder sitzt auf einer Stelle, begehrt weder Speise noch Trank. Wird sie ihm gebracht, so verschlingt er sie ohne Besonnenheit. Ein Mark und Bein durchdringendes Brüllen ist meistens das Einzige, was man ihm ablocken kann. Befällt sie die Krankheit unbekleidet, so ziehen sie auch keine Kleider an, und ertragen die strengste Kälte, und die größte Unreinlichkeit. Meistens schließen sie die Augen zu. Die Absichtlichkeit dieser Dumpfheit und das vorsätzliche Beharren darinn, das sich durch die wilde Mine oder das Brüllen zu erkennen giebt, unterscheiden diesen Wahnsinn von der Gefühllosigkeit. (Amentia Stupor) Die obigen Merkmale dieser Krankheit habe ich von zwey selbst beobachteten Fällen hergenommen. Der eine Wahnsinnige wurde etwas besser, und seine Krankheit verwandelte sich in Stumpfsinn, (Amentia imbecillitas) so, daß er von der Stelle gieng, und auch zu Wasserholen und dergleichen Geschäften zu brauchen war; der andere ist noch in diesem traurigen Zustande.

19) Entzückter Wahnsinn. (M. enthusiastica.) Der Kranke hält sich für begeistert, oder sucht begeistert zu werden. Er sondert sich von andern Menschen ab, ein heiliges Leben zu führen, das ihn zu einem Wunderthäter erheben soll. Er hat oft Versuchungen des Teufels zu bestehen. Er legt sich schwere Bußen auf, schleppt Ketten, bleibt Jahre lang auf einer Stelle, und so weiter, liebt Gott, wie man ein Mädgen liebt, und dünkt sich ein Stellvertreter der übrigen Menschen bey ihm. Beyspiele von diesem Wahnsinn finden sich in Menge in Zimmermanns Einsamkeit.

20) Verzweifelnder Wahnsinn. (M. Catacriseophobia.) Der Kranke glaubt verdammt zu seyn, und ist darüber beängstigt. Er hat alle Hoffnung der Seligkeit verlohren, und der Trost der Vernunft und der Religion vermag nichts gegen seine Beängstigung. Oft sind es die unbedeutendsten Vergehungen, die die Kranken für unverzeihlich halten, aber oft ist es auch eine Folge des auf einmal erwachenden Gewissens.

21) Rastloser Wahnsinn. (M. errabunda.) Dem Kranken ist es nirgends wohl. Er flieht, und weiß nicht was, und nicht wohin. Am liebsten geht er bey Nacht herum. Er ist, wenn das Uebel hefig ist, bleich, hohlaugig, traurig ohne

zu weinen, schüchtern, verlegen, aber übrigens vernünftig, hat immer Durst und trockene Zunge. Er ist geduldig, so lange man ihn nicht an seinem Herumschweifen hindern will, und arbeitsam, so weit es ihm sein Uebel verstattet. Ein Beyspiel s. B. 1. S. 261. Oefters findet sich ein Anfall dieses Wahnsinns zu Anfang der Pubertätsjahre ein, der sich aber meistens bald verliert.

22) Zufälliger Wahnsinn. (M. Symptomatica.) Darunter begreife ich alle Arten von Wahnsinn, die sich einer vorhergehenden Veränderung im Körper beygesellen. Sie machen zwar eigentlich keine besondere Art des Wahnsinns aus, allein da sie, wie sich unten zeigen wird, ausser der Behandlung des Zustands, der als ihre Ursache anzusehen ist, eine mehr idiopathische Behandlung erfordern, als andere Symptomen, weil sich ihre Ursachen häufig nicht heben lassen, sondern zum gewöhnlichen Laufe der Natur gehören, so führe ich sie als eine Art mit auf. Am gewöhnlichsten gesellt sich dieser Wahnsinn zum Anfang der Mannbarkeit (Melancholia pubertatis) zur Schwangerschaft und zum Kindbett, (M. gravidarum & puerperarum.)

Ueber

Ueber die Ursachen der Melancholie.

Die unmittelbare Ursache der Melancholie ist so schwer als bey der Narrheit anzugeben. Die Veränderungen, die die Anatomie bisweilen in den Körpern von Wahnsinnigen gefunden hat, erfordern eine genaue Unterscheidung, sowohl des übrigen kranken Zustands des Patienten, als vorzüglich seiner Todesart. Auch läßt sich nie aus Veränderungen im Gehirne eine bestimmte Art des Wahnsinns erklären. Die Untersuchung der bisher gemachten anatomischen Bemerkungen behalte ich mir daher, so wie überhaupt, was zur Litteratur der Heilkunde der Verrückungen gehört, bis zur Vollendung meiner Untersuchungen bevor. Die nächste oder erzeugende Ursache des Wahnsinns ist einzig in den fixirten Vorstellungen zu suchen. Alles was körperlich ist, kann nur als vorbereitende Ursache, daß sich gewisse Vorstellungen um so leichter fixiren, angesehen werden. Aber auch die äussern Schicksale können vieles zur Geneigtheit zur Melancholie beytragen. Was den körperlichen Zustand des Wahnsinnigen betrift, so kann sowohl sein Seelenzustand als Miturschache seines körperlichen Leidens, als dieses als Beförderungsursache seiner Verrückung angesehen werden. Die gelegentlichen Ursachen der Melancholie sind gewöhnlich die den Menschen treffenden Zufälle. Der Keim zur Melancholie muß in der Anlage des Menschen überhaupt gesucht werden. Da fixirte Vorstellungen als die nächste Ursache der Melancholie, so wohl am ersten erkennbar sind, als auch das meiste zu allen Symptomen derselben beytragen, so will ich am ersten von ihnen handeln.

Ueber fixirte Vorstellungen.

Fixirte Vorstellungen nennt man die Vorstellungen, welche die freye Lenkung unserer Aufmerksamkeit hemmen, und unsere Handlungsweise unwillkührlich bestimmen, ohne in einer Veränderung unsrer Organen erkennbar ihren Grund zu haben. Eine fixirte Vorstellung kann sich also nur durch das Interesse, das sie für uns hat, festsetzen. Dieses Interesse muß aber nicht freythätig, sondern in uns unwillkührlich bestimmt seyn.

Das Interesse, das wir an etwas nehmen, ist entweder ein Interesse des Genußes unserer eigenen Kräfte, durch den Gebrauch, den wir davon machen, (der Wirksamkeit) oder des Genußes eines äussern Gegenstands, durch die Art, wie wir von ihm afficirt werden, (des Genußes in engster Bedeutung). Ich werde künftig das eine Interesse des Wirkens, und das andere Interesse des Genußes nennen. Das Interesse des Genießens hält uns mit Behagen an etwas fest, das uns gegeben ist, sey es eine Einbildung

dung oder eine wirkliche Sache. Es bildet sich aus ihm, wie ich gezeigt habe, die nächste Ursache der Narrheit. Das Interesse des Wirkens hält uns durch die Beschäftigung fest, die uns eine Sache wirklich oder eingebildet als Zweck unsers Bestrebens gewährt. Es erzeugt im gewissen Grade, wie bald deutlich werden wird, den Wahnsinn. Wenn uns eine Vorstellung durch die Krankheit unserer Organe unvermeidlich wird, so erzeugt sie deswegen noch nicht Melancholie. Um diese zu veranlassen, muß sie uns nicht blos hinderlich seyn, sondern sie muß unser Begehrungsvermögen unwillkührlich bestimmen, und sich als objectiv wahr, nicht bloß aufdringen, sondern mit Anhänglichkeit dafür genommen werden. Sie kann daher nur als eine Vorbereitung zum Wahnsinn, oder wenn schon eine sehr große Geneigtheit dazu da ist, als eine gelegentliche Ursache einer gewissen Art des Wahnsinns angesehen werden. Auch wenn sie durch die Wahrheit, die sie zu haben scheint, uns in Angst oder Freude versetzt, so erzeugt sie noch nicht Wahnsinn, so lange als der Affect der geglaubten Wahrheit gemäß ist, und wir uns noch von ihr losreißen wollten, so bald wir glaubten es zu können, sie ist dann wohl gewissermassen unvermeidlich, aber sie ist noch nicht fixirt. Das unwillkührliche Interesse allein an ihr, auch wenn sie uns unserer Meinung nach unglücklich macht, ist also eigentlich, was sie fixirt,

fixirt, und den Wahnsinn erzeugt. Wie entsteht nun aber dieß vorzügliche Interesse?

Um diese Frage zu beantworten, ist es nöthig, zuerst die Gelegenheiten zu untersuchen, durch die sich Vorstellungen fixiren können. Am ersten bietet sich hier die lange anhaltende Beschäfftigung mit Etwas dar. Wenn wir über Etwas scharf nachdenken, so unterscheiden wir vorzüglich zwey verschiedene Handlungen unserer Seele. Die erste ist, aller auf unsern Gegenstand Bezug haben könnenden Vorstellungen uns bewußt zu werden. Wir mustern unser ganzes Wissen durch, um das, was uns für unsern Zweck brauchbar scheint, heraus zu lesen. Dieß bewirkt die Einbildungskraft. Dann suchen wir diese Masse von Vorstellungen zu verarbeiten, und die Verhältnisse, in denen unsere Vorstellungen zu unserm Zweck stehen, zu bestimmen. Dieß geschieht durch die Urtheilskraft. Hält diese Beschäfftigung lange an, so erhält die Einbildungskraft eine Fertigkeit alle unsere Vorstellungen, die in einiger Verwandtschaft zu unserm Zweck stehen, zu reproduziren, und unsere Urtheilskraft, sie in Verhältniß damit zu bringen. Es entsteht also eine Gewohnheit, auf eine bestimmte Weise zu denken. Und die Gelegenheit zur fixirten Vorstellung ist da, weil uns leicht alles auf sie hinführt. Zum andern, wird die fixirte Vorstellung veranlaßt, durch gewisse Vorfälle, die uns betreffen, und die in uns Affecte erregen. Es wirkt

wirkt dann unsere Einbildungskraft den Affecten gemäß, und überhäuft uns mit Vorstellungen, die sie nähren. Ist uns dennoch etwas als Gegenstand des Begehrens oder Verabscheuens gegeben, so ist uns die Aufgabe gemacht, unsere Urtheilskraft zu unserm Zwek zu gebrauchen. Wir gerathen in den Zustand der Anstrengung, und es kann sich dadurch auf die schon erklärte Weise die Gelegenheit erzeigen, daß sich keine Vorstellung fixirt. Die Vorfälle, die uns in diese Lage versetzen können, sind sowohl Schicksale, die uns treffen, als körperliche Zufälle.

Leidenschaften gehören drittens auch unter die Gelegenheiten zu fixirten Vorstellungen. Sobald ein Affect sich zur Leidenschaft ausdehnt, so ist schon ein Anfang des Wahnsinns da, der leidenschaftliche Zustand des Menschen ist von den wahnsinnigen nur dem Grade nach verschieden. Im leidenschaftlichen Zustande wird alles auf den Gegenstand desselben bezogen. Der Mensch ist in grosser Anstrengung, und erlangt dadurch die Geneigtheit zur Fixirung einer Vorstellung.

Träume können auch viertens bey einer Geneigtheit zum Wahnsinn leicht die Gelegenheit zur Fixirung einer Vorstellung geben. Eben so fünftens Erscheinung von zu grosser Empfindlichkeit, oder von einer durch Berauschung oder andere Ursachen zu lebhaft gewordenen Phantasie.

Daß diese gelegentlichen Ursachen wirken, dazu können viele vorbereitende beytragen. Es können alle bisher erwähnten Gelegenheiten zur Fixirung einer Vorstellung, wenn sie zwar nur schwach sind, aber doch öfters vorkommen, vorbereitende Ursachen zur Fixirung der Vorstellungen werden. Dann können aber auch dazu beytragen: Die Einsamkeit, insoferne wir dem eigenen Gang unserer Phantasie zu sehr dadurch überlassen werden. Der Aufenthalt in düstern ungesunden Orten. Eine einförmige harte Lebensart und Speisen die träge machen, Krankheiten, die uns von der menschlichen Gesellschaft entfernen, und uns verdrießlich und mißmuthig machen. Der Umgang mit finstern schwermüthigen Personen. Eine despotische Erziehung. Eine drohende, über unsere mögliche Seligkeit uns Zweifel erregende Religion; worinn vorzüglich der große Hang der Japaneser zum Wahnsinn seinen Grund haben mag.

Nun fragt sich, was wird erfordert, daß sich eine Vorstellung durch diese Umstände wirklich fixirt? Es wird dazu erfordert, daß nicht allein nur die Vorstellung sich uns aufdringt, sondern, daß wir uns auch dafür interessiren. Wir setzen uns ein Ziel unsers Strebens, das wir weder ändern wollen, noch ändern zu können scheinen. Wir verstocken uns im Wahnsinne selbst, und wollen von unsern Vorstellungen nicht abweichen. Die Art, wie dieses geschieht, muß in unsern Seelenkräften gegründet seyn. Es läßt sich

nicht

nicht annehmen, daß sich im Wahnsinne eine eigene Seelenkraft äussere, sondern nur, daß sich eine zu ausschliessend, und zu unwillkührlich äussere. Um dieß aufzufinden, müssen wir auf den Keim zur Melancholie zurückgehen.

Ueber den Keim zur Melancholie.

Der Keim zur Melancholie muß in der Einrichtung unsers Begehrungsvermögens gesucht werden. Wir haben das Vermögen uns zu bestimmen, von einem Vorsatz nie mehr abzugehen, es entstehe daraus, was da wolle. Insoferne dieß Vermögen dem Pflichtbegriff untergeordnet ist, insoferne ist es das edelste, was der Mensch hat, aber als bloßes Vermögen der Selbstbestimmung, ist es nicht nothwendig dem Pflichtbegriff untergeordnet, und wir können jede, auch die pflichtwidrigste Maxime mit der nähmlichen Beharrlichkeit durchsetzen, als die pflichtmäßigste. Der Act unserer Seele unterscheidet sich aber, als bloßer Eigenwille, sehr deutlich von dem Act der unabänderlichen Pflichterfüllung. In so ferne wir unsere Pflicht thun, können wir die ganze Freyheit unserer Reflexion ausüben. Das Resultat, das wir aus der Untersuchung über das, was unsere Pflicht ist, erhielten, ist fest und sicher, denn die Vernunft widerspricht sich nicht. Wir haben nicht zu besorgen, daß die nähere Beurtheilung des uns gegebenen Falls uns in unserm Vorsatz abändern, denn die Abänderung, im Falle wir uns getäuscht hätten, ist selbst in der höchsten Maxime der Sittlichkeit mit begriffen. Wir haben nur darauf zu achten, daß uns die Affecte, oder auch versteckte Leidenschaften, theils nicht an der Freyheit der Reflexion hindern, theils uns nicht unserm Vorsatz ungetreu machen. Entschließen wir uns aber bloß durch einen Act des Willens, so haben wir uns auch, wenn wir in unserm Vorsatz nicht erschüttert werden sollen, vor dem freyen Gang der Reflexion selbst zu verwahren, und mit Gewalt alle unsere fernere Untersuchungen niederzuschlagen. Wir müssen uns in diesem Falle eine fixirte Vorstellung gleichsam künstlich schaffen. Das Vermögen aber, wodurch wir das können, ist an sich das nähmliche, wodurch wir unserer Pflicht in allen Umständen getreu seyn können. Es ist das Vermögen der Selbstständigkeit oder der Persönlichkeit, in so ferne sie sich in wirklichen Handlungen äussert. Der Keim zur Melancholie liegt daher in dem Vermögen uns selbst zu bestimmen. Aus diesem Vermögen erzeugt sich der Hang zur Unabhängigkeit, weil jedes Vermögen auch einen Trieb, es zu äussern, mit sich führt, und aus der öftern Aeusserung eines Triebes endlich die Gewohnheit entspringt, ihn mehr als andere zu äussern, die man Hang nennt. Den Hang zur Unabhängigkeit findet man in jedem Menschen. Jeder Mensch sucht ihm daher Genüge zu thun, und betrübt sich darüber, wenn er

ihm

ihm nicht Genüge leisten kann. Die einzige Art diesen Hang durchgängig ohne Widerstreit mit sich selbst befriedigen zu können, ist, durchaus dem Moralgesetz gemäß zu handeln. Allein diese Befriedigung ist für ein eingeschränktes Wesen sehr schwer, und die Menschen suchen ihn auf den Wegen des Eigensinnes mit weniger Anstrengung zu befriedigen. Hier kann es nun aber nicht fehlen, daß sie bald in Widerspruch mit sich selbst gerathen. Es entsteht daraus eine doppelte Abweichung von dem Wege der gesunden Vernunft. Eine absichtliche Verstockung und Selbsttäuschung um seine Selbstständigkeit, wie man glaubt, in den Augen anderer nicht zu verlieren, und eine ängstende Ungewißheit, ob man sie nicht verlohren habe. In diesem Bestreben liegt der Keim zur Fixirung gewisser Vorstellungen durch unsern Willen, und in dieser Ungewißheit der Keim zur Angst und Befangenheit, die zur fixirten Vorstellung noch hinzukommt, und dann mit ihr die Melancholie ausmacht. Wir wollen nicht irren, und wenn sich eine Vorstellung einmal so geläufig gemacht hat, daß wir sie für objectiv gültig ausgaben, so wollen wir nicht mehr unsere Meinung hierüber ändern; wenn wir einmal unser Wohl und Wehe von etwas abhängig glauben, so wollen wir keinen Trost mehr darüber annehmen. Eben so kann die Angst unsere Selbstständigkeit verlohren zu haben, endlich nebst andern Umständen uns veranlassen, sogar über die Art unserer Existenz ungewiß zu werden.

Das

Das Gefühl der Bestimmbarkeit von auſſen iſt eben ſo beſtimmt in uns, als das Gefühl und der Hang der Selbſtbeſtimmung ; der Contraſt zwiſchen beyden Gefühlen, den nur die Vernunft beylegen kann, iſt alſo der Keim der Melancholie.

Die Erforſchung der Urſachen der verſchiedenen Arten der Melancholie wird dieß einleuchtender machen. Um aber keine Wiederholungen zu veranlaſſen, ſo wollen wir dieſe beſondern Urſachen zugleich, bey der Cur der beſondern Arten der Melancholie, die ſich darauf gründen muß, betrachten.

Ueber die Cur des Wahnſinns.

Nach dem bisher geſagten iſt es klar, daß die Hauptſache bey der Cur des Wahnſinns darauf ankommt, die fixirte Vorſtellung zu entfernen, und die Freyheit der Ueberlegung und des Begehrungsvermögens wieder herzuſtellen. Aus den Zeichen des Wahnſinns erhellt aber auch, daß ſich körperliche Zufälle damit verbinden. Die Cur des Wahnſinns erfordert daher zugleich die Behandlung des Gemüthes und des Körpers.

Die Behandlung im allgemeinen muß die nähmliche ſeyn, die wir bey der Narrheit angerathen haben. So lange es möglich iſt, den Kranken Geſellſchaft und Beſchäftigung zu geben, die ihn von ſeinen Einbildungen abführen, muß es geſchehen. Alles,

was

was ihn auf seine Vorstellungen leiten kann, muß vermieden werden.. Fast nie wird daher ein Wahnsinniger an dem Orte hergestellt werden, wo sich seine Krankheit bildete. Die nähere Bestimmung der Behandlung des Gemüthes kann nur nach den verschiedenen Arten des Wahnsinns, und nicht im Allgemeinen bestimmt werden. Wir verspahren sie also bis dorthin. Die körperlichen Zufälle sind aber fast bey allen Arten des Wahnsinns gleich, und wir haben also hier vorzüglich von diesen zu handeln.

Der wichtige Einfluß des Körpers auf die Entwicklung des Wahnsinns ist bereits gezeigt worden. Es giebt oft ganz allein die Veranlassung, daß die Anlage dazu zur wirklichen Krankheit wird, und bildet auch oft den Keim zur Anlage aus.

Da wir aber gesehen haben, daß sich die nächste Ursache zum Wahnsinn gar nicht im Körper suchen läßt, so kann die Cur nicht auf die eigentliche Ursache des Wahnsinns gerichtet werden. Das heißt, die körperliche Cur des Wahnsinns kann nicht ätiologisch, sondern nur symptomatisch seyn.

In der Angabe der Mittel, die den Wahnsinn sollen geheilt haben, herrscht meistens eine Unbestimmtheit, ob der Kranke sinnlos, wahnsinnig, närrisch, hypochondrisch oder rasend war. Noch seltner sind die verschiedenen Arten des Wahnsinns bestimmt. Die Musterung aller dieser Mittel verspare ich auf eine andere Gelegenheit. Vorzüglich ist aber von vielen das

Opium

Opium und auch andere Narcotica empfohlen worden. Da mit diesen Mitteln, besonders dem Opium, manchmal viel ausgerichtet werden kann, aber noch öfter Schaden gestiftet wird, so will ich bey diesem eine Ausnahme machen. Die Wirkung des Opiums, ehe es Schlaf macht, besteht in einer Berauschung, die sich von der Berauschung des Weins vorzüglich dadurch unterscheidet, daß die Phantasie noch lebhafter wirkt, und bis zum wirklichen Schlaf in dieser Thätigkeit bleibt, und der Magen keine Beschwerlichkeit empfindet, da beym Rausch vom Weine meistens ehe noch Schlaf kommt, alle Thätigkeit verlohren geht, und der Magen immer etwas dabey fühlt. Da die Phantasie sich nach unsern Trieben richtet, so macht der Genuß des Opiums meistens fröhlich, weil wir im Durchschnitt einen Hang zum Vergnügen haben. Allein ist der Gang unserer Phantasie einmal bestimmt, hat ihm eine fixirte Vorstellung seine Richtung gegeben, so kann eine größere Lebhaftigkeit derselben nur ihren Einfluß vergrößern, und uns die Freyheit in der Ueberlegung, die wir etwa noch hatten, vollends rauben. Soll also das Opium in dem Wahnsinne mit Nutzen gegeben werden, so muß es in dem Grab der Krankheit seyn, wo unsere Phantasie noch freythätig zur Hervorbringung unserer Lieblingsvorstellungen angestrengt wird; denn da kann eine größere Lebhaftigkeit derselben dazu dienen, daß sie einen andern Gang nimmt, und die fixirte Vor-

stel=

stellung dadurch unterdrückt wird. Ist aber die Phantasie einmal ganz in ihrem Gang bestimmt, so kann ihre Lebhaftigkeit nur die Krankheit vermehren. Das Opium kann also nur bey Anwandlungen des Wahnsinns, der von einer äussern Veranlassung, z. B. von einem Unglück, von dem Tod einer geliebten Person, und ähnlichen Fällen kommt, mit Nutzen angewandt werden; hingegen, sobald der Wahnsinn sich völlig bestimmt hat, so muß sein Gebrauch schädlich seyn, wofern nicht der Kranke so schlimm daran ist, als bey der M. attonita, wo jede Veränderung schon als Besserung anzusehen ist. Aber auch, wenn es nützlich ist, so ist es nur als ein für die Anwendung anderer Zeit gewinnendes Mittel zu betrachten. Man muß auch sonderlich darauf Rücksicht nehmen; daß es, wenn es oft gebraucht wird, endlich unentbehrlich wird, und daß ein starker Gebrauch, denn ein sparsamer hilft nichts, wieder vielen andern Schaden, besonders Verstopfung nach sich ziehen kann, was ich als eine jedem Arzt bekannte Sache nicht weiter auszuführen brauche.

Da bey dem Wahnsinn ein zu heftiges Gefühl des Bestimmtseyns mit dem Hang der Unabhängigkeit im Contrast ist, und jede Kränklichkeit das Gefühl des Bestimmtwerdens mit sich führt, so zeigt sich wie nöthig es ist, die körperliche Beschwerlichkeit des Kranken soviel als möglich zu heben, und

daß

daß mancher Wahnsinn indirecte durch den Körper geheilt werden kann.

Die bleiche und schlechte Farbe der Wahnsinnigen zeigt, daß sie nicht richtig verdauen. Man würde sich aber irren, wenn man glaubte, diesem immer durch leichte Speisen abhelfen zu können. Solche Speisen, wie z. B. Ziegenfletsch, junge Gemüße, Galerten u. s. w., machen es zwar dem Magen leicht; allein desto mehr erfordert die zweyte Verdauung, wegen des vielen Milchsafts, den sie geben, Kraft und Wirksamkeit, der dazu gehörigen Eingeweide, besonders der Lungen. Ein Gesunder wird an sich erfahren, daß dergleichen und vorzüglich auch Mehlspeisen schläfrig machen, ohne doch einen wahren Schlaf hervorzubringen, sondern sie bringen vielmehr einen Zustand des Träumens als des Schlafens hervor. Man hat vorzüglich darauf zu sehen, ob der Kranke gefräßig ist, oder nicht. Im ersten Falle muß man lieber härtere Speisen geben; denn ihm zu sehr dem Hunger auszusetzen, ist nicht rathsam, weil man alles vermeiden muß, was ihm Beschwerlichkeit verursacht, und nur im letzten Fall, zumal wenn er nur sehr wenig zu sich nimmt, kann man ihm leichte Speisen geben. Durchaus aber muß man ihn wenig und oft essen lassen. Da die Kranken gewöhnlich nur sparsamen Stuhlgang haben, da sie zu Unreinigkeiten in den Gedärmen geneigt sind, und ihre Säfte meistens in einem Zustande sind, den die Alten die schwarze Galle nannten, so ist für sie kein besseres Gerichte als Obst zu finden. Zum Getränk ist nichts bessers als Wasser. Der Geschlechtstrieb, zumal wenn er dazu dienen kann, daß sich der Kranke für eine Person interessirt, ist, wenn es nicht andere Umstände oder der Stand des Kranken verbietet, so viel als die Constitution desselben erlaubt, bey ihm zu befriedigen.

Alle übrigen Arzneymittel müssen, wie schon gesagt worden, durch die Symptomen, die sich äussern, bestimmt werden. Der Wahnsinn als solcher giebt keine andere Indication, als den Körper soviel möglich von Beschwerden zu befreyen, um desto leichter auf den Geist wirken zu können. Durch die Zufälle muß bestimmt werden, wenn sogenannte auflösende, wenn schweißtreibende, Brech- und Laxiermittel gegeben, wenn zu Ader gelassen werden soll u. s. w. Das Aderlassen erfordert eine bloße Erwägung der Gesundheitsumstände; auf den Wahnsinn kann es unmittelbar weder guten noch schlimmen Einfluß haben, aber es kann ihn bey schicklicher psychologischer Behandlung des Kranken, oft allein heilen, wenn dadurch asthmatische oder comatöse Zufälle gehoben werden. Oft kann man auch durch eine starke Aderlaß dem Verfall in Raserey vorbeugen. Bisweilen ist die gelegenheitliche Ursache des Wahnsinns ein zurückgetrettener Ausschlag. Die körperliche Unbehaglichkeit entwickelt hier den Keim zur Melancholie, der, wenn diesem abgeholfen wird, an sich zu schwach ist, den Wahnsinn hervorzubringen. Hier muß man also den Ausschlag wieder hervorzubringen suchen. Weit öfters erzeugt sich aber von dieser Ursache Sinnlosigkeit oder Raserey. Gleichen Antheil können auch Fieber an dem Wahnsinn haben. Ein denkender Arzt muß daher in dieser Krankheit besonders auf den vorhergegangenen Zustand des Kranken Rücksicht nehmen, und nichts versäumen, was er nur immer zur Lebensgeschichte des Kranken gehöriges erfahren kann. Alles was er aber in Rücksicht des Körpers thut, muß er nur als eine Wegräumung der Hindernisse ansehen, um der nächsten Ursache des Wahnsinns, der fixirten Vorstellung um so thätiger entgegen arbeiten zu können.

Cur der besonderen Arten des Wahnsinns.

1) M. vulgaris. In dieser Krankheit vermag die körperliche Cur am meisten. Eine Unbehaglichkeit im Körper giebt oft der Phantasie ihr Gesetz, und veranlaßt den Hang zu traurigen Vorstellungen. Gewisse Gefühle bringen uns auf gewöhnlich damit verbundene Gegenstände, und verursachen auch bisweilen bey dem gesunden Menschen schwermüthige Besorgnisse. So kann z. B. ein vorübergehendes Schlafheits = Gefühl der innern Armmuskel, das gewöhnlich darauf folgt, wenn man etwas unter den Arm trägt,

uns

uns veranlassen, daß wir fürchten, wir hätten etwas verlohren. Dergleichen vorübergehende Verirrungen wird jedermann an sich beobachten können, wenn er aufmerksam darauf ist. Man muß daher in dieser Art Wahnsinn vorzüglich damit anfangen, den Körper von den Uebeln, die ihn drücken, zu befreyen. Bey dem muß man aber auch nicht versäumen, den Kranken von seiner Einbildung abzubringen. Sehr viel ist schon gewonnen, wenn er Gesellschaft haben will. Diesen Hang muß man vor allen nähren. Auf seine Ruhe ist hierbey nicht Rücksicht zu nehmen, jede Zerstreuung ist für ihn wahre Ruhe, und das einsame Brüten über seinen Einbildungen ist seine strengste Arbeit. Man darf gar nicht besorgt seyn, den Kranken an Schlaf zu hindern, vielmehr muß man darauf merken, ob er nicht vorgiebt, daß er schlafen will, um allein phantasiren zu können. Der Schlaf als solcher darf kein Zweck der Cur seyn, es ist ein gutes Zeichen, wenn man es soweit gebracht hat, daß er ruhig schläft, aber man darf nicht glauben, mit künstlichem Schlaf je etwas gutes auszurichten, und wenn das Opium im Anfange Dienste that, so that es dasselbe nicht als schlafmachendes, sondern als Phantasie erregendes Mittel. Der Schlaf unterbricht den Gang der Reflexion, aber nicht der Phantasie. Er kann

also

also nur gegen das, was im Wahnsinn wahr ist, einigen Trost geben; aber nicht gegen das, worüber der Kranke schwärmt. Der Schlaf tröstet uns über wirkliche Uebel, aber er befördert die Angst über die eingebildeten. Vorzüglich muß man auch darauf Rücksicht nehmen, daß man wohl künstlichen Schlaf aber schwerlich künstliche Träume hervorbringen kann. Wenn daher je von dem künstlichen Schlaf etwas zu hoffen ist, so kann es nur da seyn, wo die Ursache des Wahnsinns reell ist, z. B. großer Verlust an Vermögen, Todesfälle geliebter Personen u. s. w. Und da wird Wein dem Opium vorzuziehen seyn. Aeusserst behutsam muß man aber mit solchen erregenden Mitteln seyn, wenn die Ursache der Melancholie, wie z. B. bey Gefangenschaft, Verlust der Ehre u. s. w. immer noch fortdauert, und nach dem Rausch wieder wirkt. Die zweyte Wirkung wird alsdann schrecklicher seyn, als die erste. Reisen und Bäder, theils nur als Zerstreuung, theils aber auch, wenn es andere Zufälle erfordern, als Krankheitsmittel, leisten die vorzüglichsten Dienste.

2) M. tædium vitæ. Leichte Anfälle dieses Wahnsinns werden meistens durch den Körper gehoben. Ist es aber eine Frucht der für die Freuden des Lebens durch übermäßigen Genuß verlohrnen Empfänglichkeit, und eines Mangels

der

der Moralität und Religion, so ist er für unheilbar zu erklären, wenigstens wird der Arzt als solcher nichts vermögen. Der Gedanke: ich kann meines Lebens nicht mehr froh werden, ist bey solchen Menschen herrschend geworden. Sie haben gewöhnlich in ihren Vergnügungen zu sehr gekünstelt, und sich nie dem reinen Eindruck von etwas überlassen, als daß man hoffen könnte, ihnen durch etwas Interesse am Leben geben zu können. Kann Religion und Ehrgefühl nichts mehr bey ihnen wirken, so ist alle Mühe vergebens. Eine Ahndung des Verbrechens des Selbstmords an dem Leichnam kann viele Menschen, bey denen beydes noch nicht alle Kraft verlohren hat, davon abhalten. Hat der Lebensüberdruß eine bestimmte gelegenheitliche Ursache, so kann er oft dadurch geheilt werden, daß man das Verlangen befriedigt, wie beym Heimwehe; oder nur die ersten Ausbrüche der Verzweiflung zurück hält, wie beym Verlust einer geliebten Person, wo alsdann die Zeit allein die Heilung vollbringt; oder daß man dem Kranken ein Interesse an andern Gegenständen beyzubringen weiß. Gefährlich ist aber die Krankheit, wenn sich nur noch die fixirte Idee des Todeswunsches im Kranken findet, und alles Interesse, selbst für das, was die gelegentliche Ursache des Lebensüberdrusses war, verschwunden ist.

3) (M. oneirodynia.) In diesem Fall muß man besonders auf die Diät des Kranken aufmerksam seyn, und durch nach und nach zu versuchende Aenderungen ihm einen ruhigen Schlaf zu verschaffen suchen. Des Tages über und vorzüglich vor Schlafengehen muß man ihn mit fröhlichen Gesprächen unterhalten, und ihn durch körperliche Spiele zu ermüden suchen.

4) M. metamorphoseothresçia. Mir ist kein Beyspiel eines Kranken dieser Art bekannt, der durch medicinische Hülfe wäre geheilt worden. Auch ist hier schwer auszumachen, ob die Kranken mehr darinnen wahnsinnig waren; daß sie sich für Hunde oder Wölfe hielten, oder darinnen, daß sie von andern Menschen dafür wollten gehalten seyn. Ehe ich oder andere vorurtheilfreye und nicht leichtgläubige Männer hierüber mehr Erfahrungen gesammelt haben, enthalte ich mich der Nachforschungen über die Ursachen und aller Vorschläge zur Cur dieses Wahnsinns.

5) M. hypochondriaca. Dieser Wahnsinn geht von gewissen Gefühlen des Körpers aus, die in der Reflexion falsch beurtheilt werden, und welches Urtheil der Mensch dann aus Selbstsucht aufrecht zu erhalten, und die Wahrheit

als

als eine Schande sich zu verbergen sucht. Man muß bey diesem Wahnsinn immer das, was Empfindung seyn kann, von dem unterscheiden, was nur Einbildung ist. Die Einbildung, daß die Füße von Glas wären, kann wirklich ein Spannen in den Füssen, das zu dieser Einbildung Veranlassung gab, zum Grunde haben. Der Patient, der sich einbildete, seine Füße wären so weich wie Wachs, und den Tulp heilte, kann eine wirkliche Schwäche gefühlt haben. Man muß daher gewissermassen die Einbildung der Patienten als ein Zeichen ansehen, daß eine Anzeige eines gewissen körperlichen Zustands seyn kann. Sehr oft kann man diese Patienten dadurch heilen, daß man sich Anfangs in ihre Grillen schicket, und so verfährt, als wenn sie wahr wären. So lange sie aber nicht von dem Ungrund ihrer Einbildung überführt, sondern nur, wie sie glaubten, von dem Uebel, das sie erdulden mußten, geheilt sind, so lange ist die Cur nur für palliativ anzusehen. Ein Beyspiel davon findet sich in B. I. S. 279. Ist ihnen aber die Einbildung benommen, dann sind sie gründlich geheilt. Ein Beyspiel davon erzählt van Swieten. Ein Gelehrter quälte sich mit der Einbildung, seine Füße wären so gebrechlich wie Glas geworden, er legte sich an den Camin

ins

ins Bette, und Niemand konnte ihn bewegen aufzustehn. Der Bediente, der Holz zu dem Camin trug, warf es sehr stark hin. Der Kranke erschrak, und schimpfte ihn aufs heftigste, weil er ihm leicht seine Füsse hätte zerschmettern können, wenn ein Stück darauf gefallen wäre. Der Bediente wurde darüber zornig, und schmiß ihm ein paar Scheiter auf die Füsse. Der Kranke sprang zornig auf, und wollte ihn schlagen, konnte ihn aber nicht einholen, und stund dann erstaunt, daß seine Füsse nicht gebrochen waren, und wurde von seiner Einbildung geheilt.

6) M. thanatophobia. Die Kranken dieser Art würden dadurch leicht geheilt werden, daß ihnen Niemand Gehör gebe; da sie aber oft ihres gleichen finden, so sind sie fast für unheilbar zu halten. Das Beste ist, daß sie ihre bürgerliche Brauchbarkeit selten durch diese Art Wahnsinn verlieren. Gewöhnlich befällt er auch nur reiche und nicht sehr beschäftigte Leute. Gehen sie zu einer andern Art Wahnsinn über, so sind sie dieser gemäß zu behandeln.

7) M. Bascanophobia. Diese Art Wahnsinn scheint im Grunde die vorige zu seyn, nur daß der Aberglaube sich eine Ursache seiner Besorgnisse erdichtet. Da der Aberglaube in einem

gewissen Alter unheilbar ist, so ist es auch dieser Wahnsinn. Durch palliative Behandlung läßt sich aber oft der Zustand des Kranken sehr erleichtern. Ein Beyspiel, das diese Behandlungsart zugleich lehrt, habe ich oben erzählt.

8) M. Dæmonomania.

9) M. Sagarum. Die Bedingung beyder ist der Glaube an die Sache; ist dieser verbannt, so ist auch diese Art von Melancholie auf immer aus der Nosologie verbannt. Zur radicalen Cur gehörte es, den Kranken nicht bloß von den Ausbrüchen des Wahnsinns zu befreyen, sondern auch vernünftig zu machen. Da dieß sehr schwer ist, so muß man sich mit einem Palliativmittel behelfen, wozu sich die Anleitung I. B. S. 284. findet.

10) M. Vampirismus. Auch dieser wurde wie die Geschichte desselben zeigt, bloß durch eine entgegengesetzte Wirkung auf die Einbildungskraft geheilt. Der Arzt, als solcher kann hier Nichts mehr thun, als was sich auf das bezieht, was dieser Wahnsinn mit der M. oneirodynia gemein hat.

11) M. superstitiosa. Auch von dieser Art gilt das bisher gesagte. Gemeiniglich ist sie unheilbar.

12)

12) M. delira. Da die Grille des Kranken hier ganz auffer der wirklichen Welt der Erfahrung liegt, so ist sie ihm schwer zu benehmen. Wenn nicht ein Zufall ihn aus seinem Traum bringt, so sind fast alle Bemühungen fruchtlos. Man verfährt am sichersten, wenn man sich bloß an die allgemeine Cur hält.

13) M. erotomania. So lange der Kranke noch nicht in eine andere Art von Wahnsinn übergegangen ist, so besteht die Heilart darinn, ihm den Gegenstand derselben zu verschaffen, oder ihn von seiner Liebe abzubringen. Zum letzten dient vorzüglich: Entfernung vom geliebten Gegenstande, Zerstreuungen in Gesellschaften, Arbeit, Bekanntmachung mit den Mängeln der geliebten Person. Sinnlicher Umgang mit andern Frauenzimmern ist bisweilen die schnellste Hülfe, aber man muß den Kranken kennen, damit man nicht besorgt seyn darf, daß er etwan sich darüber Vorwürfe mache, und in noch ärgern Wahnsinn verfalle. Eben so wenig ist Wein hier unbedingt zu empfehlen. Das unschädlichste und mehr leistende Mittel, als man ihm vielleicht in dieser Rücksicht zutrauen würde, ist häufiges kaltes Baden im fliessenden Wasser, im Freyen. Hat man den Kranken einmal so weit gebracht, daß er sich geheilt haben will, so hat man schon viel gewonnen,

und

und die Behauptung des alten Meisters der Kunst in der Liebe bestättigt sich noch immer:

Qui poterit sanum fingere, sanus erit.

14) M. Zelotypia. Die Eifersucht verliert zwar auch einen Theil ihrer Stärke durch die Entwöhnung von der Liebe, aber die Rache ist oft noch mächtig, und wenn diese Leidenschaft einen größern Antheil an diesem Wahnsinn hat, als die Liebe, wie dieß gewöhnlich der Fall ist, so wird es weit schwerer jemand von der Eifersucht als von der Liebe zu heilen. Wenn dieser Wahnsinn einmal Wurzel gefaßt hat, so ist es nicht hinlänglich, den Kranken von der Liebe abzubringen, man müßte ihm die Person verachten lernen, und über den eingebildeten Verlust seiner Ehre, die sich immer in die Eifersucht mischt, zu trösten wissen, oder ihre Unschuld so anschaulich machen können, daß ihm ein Zweifel darüber unmöglich wird, und dieß ist so schwer, daß ich es nicht wage, dazu Vorschriften zu geben. Wenn man auch glaubt mit der größten Behutsamkeit zu Werke zu gehen, so verliert man doch oft unvermuthet das Zutrauen des Kranken; und dann kann man nichts weiter ausrichten. Andere Verrückungen, die aus dem Wahnsinn der Liebe oder der Eifersucht entstanden sind, sind meistens unheilbar.

15) M. malitiosa. Bey diesen Kranken kommt es vorzüglich darauf an, ihre Betrügereyen zu entdecken. Man muß sich hier nach der Verschiedenheit der Krankheiten und der andern Dinge richten, die sie vorgeben. Bey den Besessenen fand De Haen nichts besser, sie von ihren Convulsionen abzubringen, als sie mit kaltem Wasser begiessen zu lassen. Ehe man aber zu gewaltsamen Mitteln schreitet, muß man sich von ihrem Betrug durch gelinde Mittel überzeugen; theils um sicher zu seyn, niemand unschuldig zu kränken, theils, weil es leichter ist, sie auf eine solche Art zu fangen, wo sie nicht vermuthen, daß man darauf ausgehet, als durch Drohungen und Härte. Oft ist aber die Bosheit bey diesen Wahnsinnigen so eingewurzelt, daß sie, wenn sie an einem Ort entdeckt wurden, an einem andern ihre Rolle wieder anfangen. Sie gänzlich herzustellen gehört den Moralisten; der Arzt kann nichts thun, als ihnen die Lust an ihren Betrügereyen zu verleiden.

16) M. energica. Bey der ersten Bildung dieses Wahnsinns kann man ihn oft leicht durch Gegenvorstellungen bekämpfen; hat er sich aber einmal ausgebildet, so nimmt der Kranke keine Vorstellungen mehr an: Hofnung ist aber noch da, wenn es möglich ist, daß der Schwärmer

in Lagen kommt, wo er seinen Unsinn erkennen, oder bis zur Raserey treiben muß. Wenn hier nicht das letztere geschieht, so verfällt er gewöhnlich in gemeinen Wahnsinn, und aus diesem ist er öfters durch die schon angegebene Methode zu retten. Wenn man sich des Kranken bemächtigen kann, so kann bisweilen eine tüchtige Aderläße die Raserey verhüten. Eine merkwürdige Geschichte dieses Wahnsinns, in die einer der edelsten Menschen fiel, der unter meine innigsten Freunde gehörte, und der ein Opfer der medicinischen und gemeinen Unaufgeklärtheit ward, muß ich, so lehrreich sie wäre, übergehen, weil ich mich dem Vorwurf, als wollte ich eine Privatrache ausüben, nicht aussetzen will. Aber zu seiner Zeit soll dein Verdienst, du armes Opfer der Dummheit, der Cabale und der Unwissenheit, noch gegen deine Henker vertheidigt werden.

17) M. fanatica. Die Cur ist von der vorhergehenden Art nicht verschieden.

18) M. attonita. In diesem traurigen Zustande sieht der Kranke schwarzgalligt aus, und der Gang seiner Phantasie ist gehemmt. Der Kranke will von seiner Vorstellung nicht abgehen, und fürchtet sich doch sie zu verfolgen. Man kann diese Krankheit als eine Verstocktheit gegen alle Eindrücke, ja selbst gegen alle Vorstellungen ansehen, der

Kran=

Kranke verweigert allen äussern Eindrücken die Aufnahme, und hemmt sogar den Gang seiner Phantasie. Die Cur scheint daher eine vegetabilische Diät, häufige Ausleerungen und Opium oder Belladonna zu erfordern. Es bleibt hier nichts anders übrig, als auf den Körper zu wirken, weil der Kranke für keine Art von Unterhaltung und Beschäftigung Empfänglichkeit hat. Das einzige, was man ausser Arzneyen, die ihm meistens auch sehr schwer beyzubringen sind, versuchen könnte, wäre Musik. Diesem Eindruk kann er sich nicht verschliessen, und muß wenigstens in etwas seine Phantasie dadurch in Gang bringen lassen. Hat man den Kranken einmal nur von seiner gänzlichen Verstocktheit abgebracht, so ist er dann ferner nach der Art der Verrückung zu behandeln, in die er verfällt. Unmittelbare Genesung läßt sich nicht hoffen.

20) M. Catacriseophobia. Auch hier könnte vielleicht die Musik die beste Wirkung thun, und wenigstens nebst dem Gebrauch von Arzneymitteln, die dem übrigen Gesundheitszustande des Kranken angemessen sind, die nöthige Freyheit des Geistes bewirken, daß man hoffen kann, mit dem Troste der Religion etwas bey dem Kranken auszurichten.

21)

21) M. errabunda. Die Vorbereitung zu diesem Wahnsinn scheint eine Abstumpfung für die gemeinen Gegenstände, die uns umgeben, durch Genuß, den uns die Phantasie gewährte, und eine durch Stolz entstandene Ueberzeugung von unserer Wichtigkeit zu seyn. Dadurch mißfällt es dem Kranken bald überall, und er strebt nach Thätigkeit, bald glaubt er sich verfolgt, und sucht Sicherheit. Da er darinnen immer mehr dem Antrieb der Phantasie ohne Ueberlegung folgt, so weiß er sich endlich selbst keine Rechenschaft mehr zu geben, und verhält sich gegen die Antriebe seiner Phantasie bloß leidend. Bey den leichten Anfällen dieses Uebels im Anfange der Mannbarkeit, zeigt es sich deutlich, daß Sehnsucht nach Schicksalen, die stark auf die Phantasie wirken, der Grund davon ist. Dieser Anfall geht gewöhnlich von selbst vorüber. Bey ältern Personen aber, und wenn die Krankheit sehr heftig ist, muß sowohl dem Körper geholfen, weil die Unbehaglichkeit im Körper die Phantasie zu unangenehmen Einbildungen auffordert, als auch gesucht werden, dem Kranken Beschäftigungen, die anziehen, zu verschaffen, und seine Furcht zu vertilgen.

22. M. Symptomatica. Obgleich dieser Wahnsinn oft mit den körperlichen Ursachen verschwindet, so erfordert er doch, wenn er keine Spuren zurück=

rücklassen soll, eine eigene gewissermaßen idiopathische Behandlung. Denn obgleich der Gang der Phantasie und die Richtung des Begehrungsvermögens, durch Hinwegschaffung der körperlichen Ursache, seine freye Richtung wieder annehmen kann, so liegt doch darinn keine Ursache sie wirklich anzunehmen. Das letztere hängt dann von der Willkühr des Kranken ab, und er bleibt verrückt, wenn seine Willkühr durch den Wahnsinn beschränkt würde. Man muß daher diese Personen, wenn sich auch eine Krankheit als die veranlassende Ursache des Wahnsinns offenbart, nicht blos als körperlich Kranke, sondern auch zugleich so behandeln, wie es die Art des Wahnsinns erfordert, zu der sie sich zu neigen scheinen. Ist die körperliche Ursache nicht als Krankheit anzusehen, als zum Beyspiel, der Eintritt in die Mannbarkeit, die Schwangerschaft, der Milcheinschuß u. s. w. so muß vorzüglich auf den Wahnsinn Rücksicht genommen, und von Seite des Körpers eine solche Behandlung, besonders durch die Diät eingeschlagen werden, die theils den Zustand erleichtert, wie das Aderlassen in der Schwangerschaft, theils die Heftigkeit der Entwicklung verzögert; welches beym Milcheinschuß und dem Eintritt in die Mannbarkeit, wenn es nicht andere Rücksichten verbieten, gleichfalls durch

Ader=

Aderläße, und fast unter allen Umständen durch vegetabilische wenig nahrhafte Kost, und soviel als der Patient nur ertragen kann, durch die überflüßige Reitzbarkeit des Körpers erschöpfende Arbeiten geschieht.

Dieß wäre, was ich bis jetzt über die Cur des Wahnsinns, sowohl aus eigener, als insoweit ich mich damit bekannt machen konnte, aus fremden Erfahrungen anrathen zu können glaubte. Meine Untersuchungen über diesen Gegenstand sind erst angefangen, aber ich suche sie soviel möglich zur Vollendung zu bringen, deswegen wird mir jeder Beytrag und jede Erinnerung sehr willkommen seyn. Nur bitte ich mir auch deswegen, weil ich nicht viel von der schwarzen Galle sagte, auch nichts von der Irritabilität, Inettabilität, Nervenreitz, Lebenskraft, Sauerstoff, u. d. m. einmischen zu müssen glaubte, nicht gleich das Urtheil über mich zu fällen, als wäre mir nicht so viel von diesen Gegenständen bekannt, als sich viele davon zu wissen einbilden. Ich nehme alles herzlich gerne an, was sichere Erfahrung ist, oder sich durch richtige Schlüße darauf stützt: Wollen mir einige Aerzte deswegen den Nahmen eines Empirikers ertheilen, so lasse ich es mir gerne gefallen, und werde dadurch um nichts weniger unterlassen,

die

die gesuchte höhere Einsicht der rationellen (?)
Aerzte meiner Prüfung zu unterwerfen.

Daß ich die sympathetischen Curen des Wahn=
sinns gar keiner Aufmerksamkeit widme, wird mir
jeder aufgeklärte Mann verzeihen. Daß sie manch=
mal durch einen zufälligen Eindruck auf die Phan=
tasie eben so gut, als ein Fall ins Wasser oder
Feuersgefahr und andere schreckhafte Zufälle
wirken können, ist nicht zu läugnen; aber der
Arzt, der seine Kunst sicher und nicht als Char=
latan treiben will, muß sich von dem zu unter=
richten suchen, was theils Gewinst und nicht
zufällig wirkt, theils doch, wenn es die Wir=
kung verfehlen sollte, keine solchen Folgen ha=
ben kann, gegen welche er hernach gar keine
Hülfe mehr weiß.

Joh. Benj. Erhard,

Von der

wahren und scheinbaren Dauer der Zeit in psychologischer Rücksicht.

Die Zeit gallopirt mit dem Missethäter zum Richtplatze, gehet einen schnellen Schritt mit dem Knaben zur Schule, und schleicht einen Schneckengang mit dem Mädchen zum Traualtare.

Shakespear.

Der mannichfaltigen Widersprüche ungeachtet, welche die Kantische Theorie des Raumes und der Zeit, als Formen der Anschauung erfahren mußte, scheinen mir die Resultate, die sich aus derselben ergeben und von den kritischen Philosophen zum Theil selbst aufgestellt wurden, sowohl in metaphysischer, als psychologischer Rücksicht von dem größten Nutzen zu seyn; indem sie nicht allein die Möglichkeit und die mannichfaltigen Gesetze und Erscheinungen des menschlichen Geistes begründen, und auf wenige und einfache Principien zurückführen, sondern auch, was sie nothwendig voraussetzen, durch eine gründliche Zergliederung des menschlichen Begehrungs- und Vorstellungsvermögens alle Schwierigkeiten ohne Mühe aus dem Wege räumen, deren Hebung den Philosophen seit Jahrhunderten zu schaffen machte.

Ich enthalte mich einer weitläuftigen Erörterung dieser Theorie, und entlehne bloß diejenigen Sätze aus den Kantischen Schriften, welche der Betrachtung über die scheinbare Dauer der Zeit vorangehen müssen, und zur Erklärung der hierher gehörigen Erscheinungen brauchbar sind.

Die Zeit ist weder eine Substanz, etwas Beharrliches und für sich bestehendes (denn sonst wäre sie ein *wirklicher* Gegenstand und begriffe alle übrige Substanzen in sich;) noch ein Accidens der Gegenstände ausser uns, da sie als Bedingung der Vorstellbarkeit den äußern Gegenständen vor aller Erfahrung vorhergehen muß: sondern die subjective Bedingung, mit andern Worten, die Form, unter welcher die Erscheinungen des innern Sinnes, die Veränderungen des Gemüthes, und selbst die äußern Erscheinungen, insofern sie zuletzt von dem Gemüthe aufgenommen werden, angeschauet werden müssen.

Die Zeit selbst hat die einzige Bestimmung der *Nacheinanderfolge*, und kann in der reinen Anschauung durch keine Gestalt ausgedrückt werden, weil sie die Form des innern Sinnes ist, und als solche nichts Räumliches enthält. Die Phantasie ersetzt diesen Mangel, indem sie die räumliche Ausdehnung, vornähmlich ihre Dimension in die Länge zu Hülfe nimmt, und die Reihe und Nacheinanderfolge der

Zeit

Zeit unter dem Bilde einer ins Unendliche gehenden Linie darstellt. Diese symbolische Zeitlinie wird als eine stätige Größe vorgestellt und auch der kleinste Theil derselben, jedes Minimum der Zeit, ist noch immer Zeit. Man kann sie in Gedanken nach Belieben theilen und begränzen, aber die G r ä n z e oder der Z e i t = p u n c t ist kein Theil der Zeit selbst, gleichwie der mathematische Punct kein Theil der geometrischen Linie ist. Man theilt die Zeit in die l e e r e und e r = f ü l l t e Zeit; jene führt diesen Nahmen, insoferne in ihr n i c h t s wahrgenommen wird; diese, in wie ferne etwas in derselben folgt, und ein Gegenstand unserer Wahrnehmung ist. Die leere Zeit ist ein Product der Abstraction, indem wir die Gegenstände aus der erfüllten Zeit hinwegdenken, und ohne Rücksicht auf die Erscheinungen, welche darinn auf einander folgen, für sich selbst betrachten.

Das Daseyn in der Zeit nennt man die D a u e r. Alles, was in der Zeit existirt, ist nacheinander, und die Nacheinanderfolge ist die einzige vorstellbare Bestimmung der Zeit: Jeder Wechsel, jede Veränderung sezt dieselbe voraus. Denn jeder Wechsel schließt ein N a c h e i n a n d e r s e y n, e i n e N a c h e i n a n d e r = f o l g e in sich, ohne welche er nicht denkbar ist. Sobald aber ein Wechsel vorhanden ist, muß zugleich ein Ding vorhanden seyn, an welchem sich diese Veränderung ereignet, bey welchem eine Bestimmung auf die andere folgt. Dieß kann nun die Ver=

E 3 än=

änderung selbst nicht seyn; denn diese entstehet in der Zeit, und ist das Prädicat eines beharrlichen Dinges, in Rücksicht dessen sie erst gedacht werden kann. Jede Veränderung setzt daher etwas Beharrliches in der Zeit voraus, an welchem der Wechsel wahrgenommen wird; und nur an dem Beharrlichen lassen sich Veränderungen denken, nur die Bestimmungen des Beharrlichen wechseln ab.

Der Mensch, als eine Erscheinung, ist den Zeitbedingungen unterworfen. Auch er kann nur unter der Zeitform wahrgenommen werden. Man findet daher an dem Menschen alle Zeitbestimmungen, und er kündigt sich als ein in der Zeit existirendes und in der Zeit veränderliches Wesen an. Er entstehet und dauert unter einem immerwährenden Wechsel fort, bis die Art seiner Existenz ein Ende nimmt. „Das Kind blüht zu einem Jüngling, der Jüngling reift zu einem Manne, bis ihn das Alter überschleicht und er seiner Auflösung unvermerkt nähert."

Die innern Zustände des Menschen, seine Vorstellungen, Gedanken, Gefühle folgen aufeinander, seine Begierden, Affecte und Leidenschaften wechseln ab. Mit einem Worte, man nimmt in dem menschlichen Zustande einen beständigen Wechsel wahr, welcher die Menschen als eine Erscheinung in der Zeit characterisirt. Allein trotz dieses Wechsels der Zustände ist sich der Mensch als eines beharrlichen Wesens bewußt. Man unterscheidet etwas an ihm, das bey jedem

dem Wechsel bleibt, beharrt, und etwas, das sich ändert, woran die Bestimmungen abwechseln. Das bleibende an dem Menschen heißt in der Sprache der kritischen Philosophie Person, das abwechselnde, ihr Zustand. Die Person beharrt, ihr Zustand wechselt. Der Mensch ist sich seiner in der Zeit nur dadurch bewußt, daß er den Wechsel seines Zustandes, die Nacheinanderfolge seiner Vorstellungen und alle die Veränderungen, welche mit ihm vorgehen, wahrnimmt, und dieselben auf sein Ich, als ein beharrliches Subject beziehet und zurückführt. Durch das Beharrliche allein existirt er in verschiedenen Theilen der Zeitreihe, und ohne die Beharrlichkeit seines Ichs wäre kein Verhältniß der Zeit bey ihm möglich. Wo das klare Bewußtseyn des innern Zustandes und der dem Menschen begegnenden Veränderungen aufhört, hört auch das Bewußtseyn der Dauer auf. So ist in Ohnmachten, und Krankheiten, wo das Selbstbewußtseyn unterdrückt ist, in dem tiefen Schlafe, u. s. w. die Vorstellung der Dauer unmöglich, und das Bewußtseyn der Zeit auf immer verlohren*). Die Dauer des Menschen wird, wie die Dauer anderer Erscheinungen, entweder durch die Veränderungen in uns, und durch die Folge unserer

---

*) In den neuen Abhandlungen der Schwedischen Akademie der Wissenschaften findet sich eine merkwürdige Geschichte von einem Bauer Nahmens Oluf Oluf Sohn,

ferer Vorstellungen und Zustände gemeßen, oder durch
die Bewegung (als eine Veränderung des Raumes)
der mit uns existirenden Körper, und den zurückge-
legten Raum, auf welchen die Zeit reducirt wird.
Bey der Bewegung, als einer Veränderung des Raumes, stehen Raum und Zeit in einem bestimmten
Verhältniße zu einander. Entweder werden durch den
bewegten Körper gleiche Räume in gleichen Zeiten beschrieben, oder nicht; im ersten Falle heißt die Bewegung gleichförmig, im andern ungleich-
förmig. Bey der gleichförmigen Bewegung verhalten sich die Zeitabtheilungen, wie die Räume. Man
kann daher den beschriebenen Raum und die Abthei-
lungen desselben, als das Maaß der Zeit oder der
Dauer der zugleich existirenden Körper und ihrer Veränderungen ansehen. Zur Berechnung und Bestimmung
der Zeit nimmt man entweder die Bewegungen der
Himmelskörper, und den durch sie gleichförmig beschriebenen Raum zu Hülfe, oder andere Maschi-
nen, welche durch gleichförmige Bewegung in bestimmten Räumen die kleinere Zeitabtheilungen andeu-
ten und Uhren, Zeitmesser, Pendulen heißen.

Der

Sohn, welcher eilf Jahre ohne den Gebrauch der
Sinne darnieder lag, und nach der Genesung nichts
wußte, was ihm begegnet war. Er sah die Krankheit für einen wirklichen Schlaf an, ohne die Länge
oder Kürze desselben bestimmen zu können. Siehe die
neuen Abhandlungen der Schwed. Akad. aus der
Naturlehre auf das Jahr 1784. B. V. S. 315.

Der kleinste wahrnehmbare Theil der Zeit ist das Zwölftel einer Secunde. Die Bestimmungen der kleineren Zeittheilchen beruhen nicht auf Wahrnehmungen, sondern auf Berechnungen und Schlüssen *).

Die Bestimmung der Dauer durch die Reduction der Zeit auf den Raum könnte man ein **reelles Zeitmaaß** nennen, um sie von der Bestimmung der Dauer zu unterscheiden, welche auf der Folge unserer Vorstellungen beruht, und wobey die Einbildungskraft öfters im Spiele ist. Denn außer diesem auf den Raum reducirten Zeitmaaße giebt es auch ein psychologisches Zeitmaaß, nähmlich die durch den innern Sinn wahrnehmbare Dauer und Folge unserer Vorstellungen, Zustände, mit einem Worte aller innern Veränderungen, welche in dem Bewußtseyn vorkommen, und als Bestimmungen auf das beharrliche Ich bezogen werden.

Die wesentliche Bestimmung der Zeit, welche man sich als eine ins Unendliche fortgehende Linie vor=

---

*) Bey einer Uhr, welche die Zeit bis auf Tertien eintheilt, rückt der Tertienweiser innerhalb einer Secunde, um 60 Winkeln fort, wovon jeder 6 Grade enthält. Man kann aber diese 60 Fortrückungen nicht einzeln zählen; selbst, wenn man ihn bey einem Versuche hemmt, so verstreichen zwischen dem Gedanken ihn zu hemmen, und der Bewerkstelligung immer 3 bis 5 Tertien. Kästner Mathem. Abhandl. vermisch. Inhalts. S. 4.

vorstellt, ist, wie bereits erwähnt wurde, die Nacheinanderfolge. So bald wir unser als in der Zeit beharrlicher Wesen bewußt sind, und uns auf einen Punct der unendlichen Zeitlinie als gegenwärtig setzen, so sind einige Zeittheile, welche diesem Zeitmomente vorhergehen, andere, welche ihm nachfolgen. Dasjenige, was als mit uns zugleich existirend gedacht, und in dieselbe Zeitabtheilung mit uns gesetzt wird, nennen wir gleichzeitig; das, was dem bestimmten Zeitpuncte vorhergeht, vergangen, das was auf ihn folgt, zukünftig. Diese drey Modificationen der Zeit, sind der Erfahrung zu Folge für die psychologische Beurtheilung der Dauer und das subjective von den Veränderungen in uns hergenommene Maaß derselben von großem Einflusse, indem die Zeit nach Verschiedenheit dieser Modificationen, und nach Verschiedenheit der Gegenstände die darinn vorkommen, und ihres Verhältnisses zu dem Vorstellungs- Begehrungs- und Gefühlvermögen von der Imagination bald verlängert, bald verkürzt wird. Die scheinbare Dauer unsers Daseyns und der Zeit überhaupt, so ferne sie sich auf die Wahrnehmungen des innern Sinnes, und die daraus gezogenen Schlüße gründet, ist keineswegs ein sicherer Maaßstab der Dauer überhaupt, und wird, wie aus dem Folgenden noch deutlicher erhellen wird, durch die Reduction auf die Veränderungen in dem Raume viel genauer gemessen. Was die vergangene Zeit in Ansehung

hung ihrer scheinbaren Dauer anbelangt, so kommt sie uns desto kürzer vor, je entfernter sie ist, und je weniger wir uns der einzelnen Empfindungen, Gefühle und Handlungen, welche dieselbe ausfüllten, erinnern können. Das Vergangene sind entweder Anschauungen wirklicher Gegenstände und durch sie veranlaßte lebhafte Empfindungen, oder blosse Vorstellungen. Die erstere prägen sich dem Gemüthe tiefer ein, und bleiben desto länger in dem Gedächtnisse; die letztern verwischen sich, und jede Erinnerung kommt dunkel vor. Die Zeit in welcher die wirklichen Gegenstände wahrgenommen wurden, erscheint daher auch in der Erinnerung länger; diejenige hingegen, in welcher die blossen Vorstellungen der schwachen Empfindungen vorgekommen sind, verhältnißmässig kürzer. Je entfernter die vergangene Zeitperiode ist, je zerstreuter wir während derselben waren, je weniger die einzelne Wahrnehmungen, Vorstellungen und Handlungen von deutlichem Bewußtseyn begleitet wurden, desto dunkler sind die Vorstellungen der Erinnerung, desto mehr verkürzt sich die ganze Zeitreihe, und desto eher verlöschen die einzelnen Zeitmomente in unserm Gedächtnisse *).

Aus

---

*) In der zartesten Kindheit erhalten wir zwar Eindrücke von außen, und unterscheiden die einzelnen in der Anschauung gegebnen Gegenstände; allein wir unterscheiden sie nicht mit Deutlichkeit von dem vorstellenden Ich. Es fehlt uns noch die Einheit des
Be=

Aus diesem Grunde scheinen uns die Jahre der Kindheit ein Traum, und die Jünglingsjahre, in denen wir alle Eindrücke schnell auffassen, mit Geschwindigkeit ohne starke Beschäftigung der Aufmerksamkeit und des ernsthaften Nachdenkens von Vorstellung zu Vorstellung übergehen, deswegen und weil sie so geschwind vorüberrauschen, von besonderer Kürze zu seyn. Die Zeit, welche auf Studiren, Reisen ꝛc. verwendet wird, kömmt uns hinterher kurz vor, wenn sie anders nicht einige auffallende Begebenheiten auszeichnen, welche unsere Aufmerksamkeit vorzüglich an sich ziehen, und dauerhafte Spuren in dem Gedächtnisse zurücklassen. — Die Zeit, welche wir in zerstreuenden Geschäften und mannichfaltigen Unterhandlungen zubrachten, scheint uns auch in der Erinnerung kurz zu seyn, weil sie uns schon während des Genußes zu kurz schien.

Was die scheinbare Dauer der gegenwärtigen Zeit betrift, so lassen sich die Beobachtungen darüber auf folgende Bemerkungen zurückführen:

Es

Bewußtseyns, welche zu der Vorstellung der Beharrlichkeit des Ichs erfordert wird. Und da zu der Vorstellung der Dauer das doppelte Bewußtseyn der Beharrlichkeit des Ichs und der Veränderungen in uns, welche auf dasselbe bezogen werden, nothwendig ist; so ist begreiflich, woher es komme, daß wir in dem zartesten Kindesalter keine Vorstellung von Dauer, in den zunehmenden Jahren nur dunkle Vorstellungen von derselben, und im reifern Alter noch dunklere Erinnerungen von der vergangenen Zeit und ihrer Dauer haben.

Es ist eine längst bekannte Erfahrung, daß jeder Mensch von dem Triebe belebt wird, seine gesammten Kräfte zu äuffern, sie hinlänglich zu beschäftigen, sein Vorstellungs = und Erkenntnißvermögen mit neuen Materialien zu bereichern, die bereits vorhandenen Vorstellungen und Gefühle zu beleben, und alle seine Wünsche in der kürzesten Zeit und auf die vollkommenste Weise zu befriedigen; wird dieser Trieb nach Thätigkeit in seinem Umfange zweckmäßig beschäftigt, und hinlänglich befriedigt: so schwindet die Zeit unvermerkt dahin, und das Bewußtseyn der Dauer erhält keine besondere Deutlichkeit, da wir uns mehr der Gegenstände, mit denen wir uns beschäftigen, als der Gefühle und der Dauer bewußt sind. Während irgend eines innigen Genußes, während der Befriedigung unserer Triebe, und in jedem Zustande, wo wir mehr fühlen, als denken, wird das Bewußtseyn überhaupt, folglich auch das Bewußtseyn der Dauer mehr oder weniger verdunkelt; die Zeit muß uns also in diesem Zwischenraume kürzer vorkommen als sonst. Wird im Gegentheil die Aeußerung dieses Triebes zur Thätigkeit durch irgend etwas gehemmt oder zerstört, und bleibt der Trieb unbefriedigt: so entstehet das Bewußtseyn eines leeren Daseyns, die Vorstellung der zögernden Zeit, die Langeweile, welche uns eben darum, weil wir uns einem lästigen Zustande in einen andern überzugehen wünschen, desto länger vorkommen muß.

Denn

Denn sobald der Trieb nach Kraftäußerung oder überhaupt nach Thätigkeit gehemmt ist, erwacht zugleich die Begierde in uns, aus dieser peinlichen Lage in eine andere überzutreten. Da nun der Erfahrung zu Folge, jede Begierde nach ihrer Befriedigung in der kürzesten Zeit strebt, wenn sie nicht durch andere Begierden oder Willkühr gehemmt wird: so entsteht nothwendig die Vorstellung der zögernden Zeit, sobald die Befriedigung des Triebes nach Thätigkeit, oder die Befriedigung irgend einer Begierde länger, als wir wünschten, ausbleibt. Je heftiger die Begierden sind, desto länger muß uns die Zeit vorkommen: doch davon unten mehreres. Je weniger man im Stande ist, die Zeit, in der man seine gewöhnliche Geschäfte nicht forttreiben kann, mit andern Vorstellungen, die man entweder von außen erhält, oder aus sich selbst schöpft, auszufüllen, desto mehr fühlt man das Unangenehme der Langenweile. Am übelsten sind diejenigen daran, welche um beschäftigt zu seyn, von außen afficirt werden, und sich beständig in zahlreicher Gesellschaft befinden müßen. Denn augenblicklich tritt der Zustand der Langenweile ein, sobald sie in der Einsamkeit sind, oder die gewöhnlichen Unterhaltungen der Gesellschaft entbehren müssen. Das Streben nach gewohnten Vorstellungen und leichter Aeußerung der Thätigkeit ist vorhanden; da es aber an den ihren Kräften angemeßenen und ihren Wünschen entsprechenden Gegenständen mangelt, so

ent=

entstehet das peinliche Gefühl eines leeren, unbeschäftigten Daseyns †).

Aus eben derselben Quelle des unbefriedigten Triebes nach Thätigkeit, entstehet die Langeweile, wenn unsere Arbeiten und Geschäfte zu einförmig sind, und die Aeußerung unserer Kräfte unabläßig die nähmliche ist. Der Stoff zu Vorstellungen, welcher der Sinnlichkeit durch das Afficirtwerden gegeben und von dem thätigen Vermögen in dem Menschen unter eine Einheit gebracht und bearbeitet wird, muß den ursprünglichen Gesetzen des Vorstellungsvermögens gemäß, mannichfaltig seyn. Ferner erheischt der Trieb nach Vorstellungen (percepturitio), daß unser Erkenntnißvermögen immer neue Vorstellungen, unser Begehrungsvermögen immer neue Gegenstände erhalte, und daß alle Kräfte unsers Geistes stark und mannichfaltig beschäftiget werden. Da nun bey einför-

---

*) Es kann vielleicht keine größere Strafe für einen an Thätigkeit und Geschäfte gewöhnten Menschen ersonnen werden, als wenn man ihn zwischen vier Mauten einsperrt, und ihm alle Gelegenheit zur Aeusserung seiner Kräfte, und alle Mittel sich zu beschäftigen benimmt. Dieser Zustand ist psychologisch genommen, weit schrecklicher als der Tod selbst, weil er auf die Unterdrückung und Vernichtung des wesentlichsten und lebendigsten Triebes des Menschen losarbeitet, und mit demselben in immerwährendem Kampfe stehet. — Das Ende dieses Zustandes ist nicht selten Wahnsinn.

förmigen Gegenständen und Geschäften immer das nähmliche vorkommt, die Kräfte ohne Abwechseluug auf einerley Art und Weise beschäftiget werden, und unser Erkenntnißvermögen keinen neuen Zuwachs erhält: so bleibt der Trieb nach Thätigkeit im Ganzen unbefriediget, und es entsteht bey dem vorhandenen Streben nach Thätigkeit das Bewußtseyn des leeren, geschäftslosen Daseyns, die Langeweile. Je schneller jemand eine Sache faßt, übersieht und bearbeitet, je lebhafter, feuriger und wißbegieriger er ist, je viel umfaßender sein Verstand, je thätiger und rastloser sein Geist ist; desto leichter wird er bey einförmigen Vorstellungen, Arbeiten, Geschäften und Gegenständen von der Langenweile befallen. Ein langsam denkender, träger, dummer und roher Mensch kann sich im Gegentheil lange mit einförmigen Arbeiten abgeben. Der stupide Jrokese und Hottentote sitzt halbe Tage lang auf einer Stelle, ohne sich zu rühren. Mit der Cultur der Sitten und Gefühle scheint auch der Hang zur Abwechselung und Veränderlichkeit zu wachsen.

Auf gleiche Weise entsteht die Empfindung der langsam fließenden Zeit bey dem Gefühle positiver Uebel, als Krankheiten, Schmerzen, des Kummers und der Betrübniß. Während dem Genuße des Vergnügens fließt ein Theil unsers Daseyns ohne deutliches Bewußtseyn vorüber; schmerzhafte Empfindungen hingegen reißen unsere Aufmerksamkeit unwillkührlich an sich, ziehen uns von den gewohnten Geschäften ab, ab, und lassen viele leere Augenblicke zurück, in denen wir uns der lästigen Dauer unsers Daseyns bewußt sind. Der heftige Wunsch der Seele nach dem Ende derselben ist Ursache, daß sie die Augenblicke, welche dazu führen, gleichsam zählt, mithin eine lebhaftere Vorstellung von der Dauer der Zeit bekömmt." Scheint es einem halbwachenden Kranken nicht oft unmöglich zu seyn, daß nicht mehr Stunden der Nacht verflossen sind, als seine Wärter ihm angeben? — *) Diejenigen Uebel, welche die Seele unmittelbar angreifen, als Betrübniß und Kummer, beschäftigen zwar dieselbe, und verhindern also das Gefühl der Langenweile: aber nur in einzelnen Stunden und Tagen — besonders in den nächsten nach den Vorfällen, welche Ursache unsers Leidens waren — nicht in dem ganzen Zeitraume, in welchem die Folgen davon fortdauern. Der Zustand des Betrübten und des Bekümmerten bringt es mit sich, daß sie viele Augenblicke haben, welche sie nicht so gut auszufüllen wissen, als sie vordem gewohnt waren, oder als sie überhaupt wünschen. Auf gleiche Weise machen Kummer und Sorge Langeweile. In solchen Zuständen k. das Gemüth gemeiniglich nur mit einer oder mit wenigen Ideen beschäftigt, und entbehrt derjenigen Abwechselung und Lebhaftigkeit in seinen Gedanken und Em-

pfin-

---

*) Garve. Versuche über verschiedene Gegenstände aus der Moral der Litteratur 2c. I. Th. —

pfindungen, welche im eigentlichen Sinne zeitverkür=
zend und der Langenweile entgegengesetzt ist. In den
Augen des Kummerhaften nehmen alle Gegenstände
eine schwarze Farbe an. Dadurch verlieren sie aber
zugleich an Mannichfaltigkeit, werden einförmig und
langweilig."

Die Zeit scheint uns verhältnißmäßig kürzer zu
seyn. 1) Wenn wir uns mehr der vorgestellten Ge=
genstände, als unsers Zustandes und unserer einzelnen
Gefühle bewuß sind. Der Geist wird zuweilen so sehr
in Untersuchungen, welche unsere ungetheilte Auf=
merksamkeit erfordern, vertieft, daß wir nichts, was
um uns ist, wahrnehmen, und von der Dauer die=
ser unserer Geistesbeschäftigung nicht einmal ein Be=
wußtseyn haben. Dieses wiederfährt denen gemeinig=
lich, die sich mit solchen Arbeiten befaßen, welche
entweder die größte Anstrengung der Geisteskräfte er=
fordern, und die Aufmerksamkeit aufs höchste span=
nen, oder welche durch ihre Mannichfaltigkeit das
Gemüth zerstreuen. Wie erstaunet nicht mancher Den=
ker, über die Stunden, welche während seiner an=
strengenden Arbeit dahin floßen? die Concentration
der Seelenkräfte auf einen Gegenstand, schließt das
klare Bewußtseyn der Dauer der geistigen Verände=
rungen in uns aus; wodurch wir das subjective Maaß
der Zeit entbehren. 2) Leichte und angenehme Arbei=
ten, welche unsere Thätigkeit erwecken, ohne uns zu
ermüden, lebhaft beschäftigen, und dem Gemüthe

ohne

ohne es zu verwirren, mannichfaltigen Stof darbie=
then, verkürzen scheinbar die Dauer der Zeit. Jedes
Zeitmoment, das wir angenehm hinbringen, ver=
schwindet unvermerkt, und die ganze Zeitreihe wird
gleichsam in den Schatten eines dunkeln Bewußtseyns
gestellt. Dieß findet bey allen Zerstreuungen und ge=
sellschaftlichen Unterhaltungen statt, wobey wir gleich=
sam mit Vorstellungen spielen, und von einem angeneh=
men Gegenstande zum andern hinüber fliegen. Gesell=
schaft, Gespräche, Musik und das Spiel sind vortrefliche
Mittel sich vor der Pein der Langenweile zu verwahren.
Je willkommener uns die Menschen sind, mit denen
wir umgehen, je mehr uns ihre Gespräche interessi=
ren, je lebhafter alle unsere Seelenkräfte beschäftigt
und ins Spiel gesezt werden, desto geschwinder ver=
fließt uns die Zeit, und desto schneller verschwinden
die Augenblicke. Die zärtlichen Freunde, welche von
einander scheiden müssen, klagen gewöhnlich über die
kurze Dauer der Zeit, die sie mit einander zugebracht
haben. Den Verliebten wird die Zeit zu ihren Gesprä=
chen immer zu kurz, sie hätten sich jedesmahl noch so
vieles zu sagen, wenn es die Zeit zuliesse. — Die
göttliche Musik, welche unsern Gehörsinn so ange=
nehm afficirt, das Gemüth in einen den Tönen ent=
sprechenden Zustand hineinzaubert, und beydes, das
Gefühlvermögen und die Einbildungskraft leicht be=
schäftiget, wiegt unsere Seele in einen so sanften
Schlummer, daß uns bey diesem Genuße Stunden

F 2 wie

wie Augenblicke vorkommen, und wir die längere Dauer derselben wünschen. Spiele sind verabredete Unterhaltungen der Gesellschaft, welche unsere Aufmerksamkeit und Thätigkeit leicht beschäftigen, und irgend einen unserer Triebe befriedigen. In Spielen, wo es sich um Gewinn und Verlust dreht, gewährt uns der Wechsel zwischen Furcht und Hofnung ein besonderes Vergnügen, und die Zeit fließt während desselben unvermerkt dahin. Es versteht sich von selbst, daß wenn das Spiel eine zeitverkürzende Unterhaltung seyn soll, man Intereße und Geschmack daran finden muß, im Gegentheil wird es, wie jede andere unangenehme Beschäftigung, langweilig. — Kindern, rohen und kindischen Menschen dienen die Wundergeschichten und Erzählungen, welche die Imagination an sich reißen, als vortreffliche Mittel der Zeitverkürzung. Was insbesondere das Verhältniß der gegenwärtigen Zeit zu der zukünftigen und die scheinbare Dauer der Zwischenzeit anbelangt, so lassen sich die Beobachtungen hierüber, welche im vorhergehenden bereits angedeutet wurden, auf folgende Erfahrungssätze zurückführen.

Stellen wir uns die zukünftigen, vorhergesehenen Gegenstände als etwas Gutes oder Angenehmes vor, und wünschen wir derselben theilhaftig zu werden: so scheint uns die Zwischenzeit desto länger zu seyn, je lebhafter die Vorstellung ist, die wir von dem zu hoffenden Gut haben, und je heißer wir wünschen,

zu

zu dem Besitze des vorhergesehenen Guten zu gelangen. Und da mit jeder Begierde auch das Streben verbunden ist, dieselbe in der kürzesten Zeit zu befriedigen: so scheint uns das, was man mit Begierde erwartet, länger auszubleiben, eben weil man es erwartet, und weil das lange Ausbleiben uns verdrießlich fällt. Hierzu kommt noch der Umstand, daß, da wir uns in der Zwischenzeit bloß mit der Vorstellung des zu hoffenden und noch entfernten Gutes beschäftigen, wir dieselbe nicht mit andern heterogenen Vorstellungen ausfüllen, und uns keine neuen Zwecke vorsetzen können, folglich das Uebel der zögernden Zeit, die Langeweile, in desto höherm Grade fühlen. Ein gewinnsüchtiger Kaufmann, der seine reich beladenen Schiffe aus entfernten Ländern zu einer bestimmten Zeit erwartet, zählt die Stunden und Minuten. Je mehr die Zeit herannahet, desto ungeduldiger wird er, desto länger kömmt ihm das Ausbleiben seiner gehoften Beute vor. Aus der unruhigen Erwartung der Zukunft entstehet das Gefühl der zögernden Zeit. — — Der Hungrige fühlt Langeweile, wenn er sich heftig nach den Speisen sehnt, und über die gewöhnliche Zeit darauf warten muß. — Wie lang wird uns nicht die Zeit, wenn wir unsern Freund aus der Fremde erwarten, der über den festgesetzten Termin ausbleibt?

Bey vorhergesehenem Uebel und Unglück findet das Gegentheil statt. Je größer das wahre oder eingebildete Uebel ist, welches wir herannahen sehen, je wahrscheinlicher es ist, daß wir demselben nicht entgehen werden, je mehr wir uns davor fürchten, und je größer der Wunsch ist, daß es ausbleiben, oder sich verzögern möge, desto kürzer scheint uns die Zwischenzeit, desto schneller die Annäherung desselben zu seyn. Jeder Theil der Zeit, in der wir noch von dem zu befürchtenden Uebel befreyet sind, dauert in unserer Einbildungskraft kürzer, als wir wünschen. Die scheinbare Dauer der Zeit bey vorausgesehenen übeln oder guten Dingen stehet im umgekehrten Verhältniße der Wünsche. Je heftiger wir das entfernte Gute wünschen und begehren, desto länger dauert die Zwischenzeit; je mehr wir das Böse verwünschen, desto schneller scheint es sich zu nähern. So kömmt dem Deliquenten, der zum Tode verurtheilt wird, die Zeit, welche zwischen dem gesprochenen Urtheil und dessen Vollziehung liegt, ungemein kurz vor, vorausgesetzt, daß er den Tod verabscheuet, und noch länger zu leben wünscht. Dem Schuldner, welcher seine Schulden an einem bestimmten Termin zahlen soll, scheint die Zeit zu laufen, indem sie ihn wider seinen Wunsch überrascht. Jeder vorausgesehene Uebergang aus einem angenehmen Zustand in einen unangenehmen kömmt uns zu schnell vor; jeder Uebergang aus einer unangenehmen Lage in eine angenehmere scheint zu langsam zu geschehen. — — So

spielt

spielt auch die Einbildungskraft bey der Beurtheilung der scheinbaren Dauer der Zeit eine wichtige Rolle; und die Folge unserer innern Veränderungen und Vorstellungen kann, daher nie ein richtiges Maaß der Zeit abgeben.

Ueber den
eigennützigen und uneigennützigen Trieb in der menschlichen Natur.

Es ist eine sehr merkwürdige Erscheinung, daß der Mensch durch zwey Triebe, die einander geradezu entgegengesetzt zu seyn scheinen, zu seinen Gesinnungen und Handlungen bestimmt wird. Diese sind der eigennützige, und uneigennützige Trieb, welche sowohl ihrer innern Beschaffenheit, als ihren Aeusserungen nach von einander ganz verschieden sind. Sie scheinen den Menschen mit sich selbst zu entzweyen, und verursachen bey seinem Streben nach einem bestimmten Ziele eine gewisse Zweydeutigkeit in ihm, welche auch selbst bey demjenigen noch immer hervorblickt, der in alle seine Handlungen die größte mögliche Einheit zu bringen versucht hat.

Wie sich nun beyde Triebe in dem Menschen zu einem schönen Bunde vereinigen, und ein wohlgeordnetes Ganzes ausmachen: — dieß war von jeher der Gegenstand mühsamer Untersuchungen der Psycholochologen und Moralphilosophen, und veranlaßte oft die sonderbarsten und abentheuerlichsten Meinungen. Bald ließ man den eigennützigen Trieb sich bloß im Körper gründen, in welchen die Seele, als der uneigennützige Theil des Menschen, zur Marter eingeschloßen wurde; oder man gab dem Körper mehrere Seelen, die man in verschiedene Stellen deffelben vertheilte. Weil man sich die verschiedenen Phänomene des menschlichen Geistes aus einem Princip nicht erklären konnte. Bald läugnete man ganz das Daseyn eines uneigennützigen Triebes, wie die Materialisten, die es thun mußten, wenn sie consequent verfahren wollten. Bald leitete man, wie die Supernaturalisten, die Aeusserungen dieses letztern von einer übernatürlichen Gnade ab, und vernichtete dadurch die edelste Kraft der menschlichen Seele. Anstatt den Knoten aufzulösen, begnügte man sich also damit, ihn gewaltsam zerhauen zu haben.

Ein Versuch die obige Frage befriedigend zu beantworten, wird nun freylich eine deutliche Auseinandersetzung der beyden Trieben eigenthümlichen Merkmale vornehmen, aber hauptsächlich ein in der Natur des menschlichen Geistes selbst befindliches Verbindungsmittel aufsuchen müssen, welches die scheinbare Entgegensetzung aufhebt, und beyde Triebe mit einander vereiniget. Also

1. Vom

1. Vom eigennützigen Triebe in der menschlichen Natur.

Diejenigen, welche die Erklärung der Handlungsweise eines sinnlichen Wesens schon für eine Erklärung der Handlungsweise des eigennützigen Triebes halten, verwechseln die Quelle, woraus etwas entsteht mit der Beschaffenheit desjenigen, worinn etwas besteht. Ehe wir also untersuchen, ob das Wesen, welches aus eigennützigem Triebe handelt, sinnlich sey, und ob es wegen dieser Sinnlichkeit so handeln müsse, wollen wir vorläufig von dem Grunde desselben abstrahiren, und zuerst sehen, wie der eigennützige Trieb sich hauptsächlich äussere:

Eigennützig nennen wir dem Sprachgebrauch zufolge denjenigen, der des eigenen Nutzens wegen etwas thut, und ein Mensch handelt dann eigennützig, wenn er sich bey seinen Handlungen durch nichts anderes, als durch die Vorstellung seines eigenen Vortheils leiten läßt. Die Vorstellung des Nutzens ist aber bloß relativ, und bezieht sich eigentlich auf die angenehme Empfindung, welche mit dem Besitz einer Sache verbunden ist. Sie ist also ein Verstandesbegriff, und setzt die Vorstellungen von Mittel, und Zweck, Grund, und Folge nothwendig voraus. Der Nutzen wird wegen der angenehmen Empfindung des Vergnügens im weitesten Sinne des Worts gesucht, und dieses letztere erfolgt darauf nothwendig.

Es

Es verhalten sich daher diese beyden Begriffe, Nutzen und Vergnügen in gewisser Rücksicht, wie Mittel und Zweck, wie Grund und Folge zu einander. Denn wenn z. B. jemand sein Getreide um einen sehr hohen Preis verkauft hat: so sagt man, er habe einen sehr grossen Nutzen davon gehabt. Dieser Nutze ist ihm Grund des Vergnügens, und als solcher muß er dem Vergnügen vorhergehen. Dieses war ihm bey seiner Handlung Zweck, und da man den Grund in gewissem Betracht auch als Mittel zum Zwecke ansehen kann: so wird man mit Recht den Nutzen auch ein Mittel zum Vergnügen, als dem Zwecke, nennen können.

Wenn wir im Allgemeinen unter Trieb den Grund des Strebens nach einem Gegenstande verstehen: so wird man diesen Betrachtungen zu Folge den eigennützigen Trieb als den Grund des Strebens nach eigenem Nutzen, und da dieser nur des damit verknüpften Vergnügens wegen beabsichtiget wird, als den Grund des Strebens nach Vergnügen überhaupt anzusehen haben. Weil sich aber dieser Trieb nur durch eine Vorstellung, nähmlich die des Nutzens, welche von der des Vergnügens selbst verschieden ist, und nur eine Vorstellung des Verstandes seyn kann, — folglich mittelbar auf seinen Gegenstand bezieht: so sieht man leicht, daß er nur von dem Verstande diese Bestimmung erhalten, und in seiner ursprünglichen Reinheit, und Lauterkeit auch ohne dieselbe gedacht wer-

werden könne. Und wirklich treffen wir ihn in dieser
reinen Gestalt beym Thiere an, dessen Handlungsweise so viele Aehnlichkeit sie auch mit der menschlichen haben mag, doch nach den durch die kritische Philosophie geläuterten Begriffen, von Sinnlichkeit, Verstand, und Vernunft aus einem blos sinnlichen Vor-
stellungs- und Begehrungsvermögen erklärbar ist, da
hingegen der Mensch durch die zwey letzteren nur ihm
eigenthümlichen Vermögen dem eigennützigen Triebe
ein ganz anderes Gepräge aufdrückt, so daß man oft
Mühe hat, ihn für das, was er wirklich ist, zu erkennen. Und selbst bey dem rohesten seines Geschlechts,
so nahe er auch in Rücksicht auf die Bildung seiner
Kräfte an die Thierheit gränzen mag, ist dieser Unterschied bemerkbar.

Es zerfällt also der Begriff des eigennützigen
Triebes in zwey Haupttheile — in den Begriff des
reinen und den des zusammengesetzten, nähmlich durch Verstand und Vernunft mobificirten eigennützigen Triebes. Zum Unterschiede werde ich jenen
den eigenlüstigen, diesen den eigennützigen
in engerer Bedeutung nennen. Die Auseinandersetzung von beyden wird in der Folge diese Ausdrücke rechtfertigen. Dieser letztere findet zwar nur ausschließlich bey dem Menschen statt, weil wir die beyden Vermögen, welche ihm diese Bestimmung geben,
bey dem Thiere vermissen. Da sie sich aber gleichwohl
in einem Gattungsbegriffe, nähmlich dem eigennützigen

in

in weiterer Bedeutung vereinigen: so werden ihre Aeusserungen auch nur der Art nach verschieden seyn können. Also zuerst

1. Vom eigenlüstigen Triebe, wenn es mir erlaubt ist, mich dieses Ausdrucks zu bedienen.

Da der Begriff eines Triebes den Begriff der Thätigkeit in sich schließt, weil er seiner Wortbedeutung nach ein Treiben bezeichnet: so wird also auch der eigenlüstige Trieb in einem thätigen Streben bestehen müßen. Wornach dieser Trieb strebe, ist schon oben beyläufig bemerkt worden. Er strebt nähmlich nach Vergnügen, oder nach angenehmen Empfindungen und Gefühlen. Und weil der Stoff dieser Empfindungen nicht hervorgebracht, sondern von dem Gegenstande gegeben seyn muß: so wird daher der eigenlüstige Trieb nach solchen Gegenständen, welche Stoff zu angenehmen Empfindungen geben, mit einem Worte nach Gegenständen der Lust streben müssen. Diese Gegenstände sucht er sich zuzueignen, sich mit ihnen zu verbinden; folglich bestehet das Wesen des eigenlüstigen Triebes in einem Streben nach Verbindung mit dem Gegenstande der Lust, mithin in einem Streben nach Genuße. Man gehe alle Arten von Genüßen durch, und überall wird man diese Verbindung wahrnehmen. Je gröber die Gegenstände der Lust, desto gröber der Genuß, je feiner jene, desto feiner ist auch dieser; je inniger, umfassender die Verbindung, desto inniger das Vergnügen. Der

Eigen=

Eigenlüstige sucht daher alles mit sich selbst zu identificiren: — daß der eigenlüstige Trieb die Gegenstände der Unlust von sich zu entfernen sucht, und also nicht bloß im Streben nach Verbindung, sondern auch nach Trennung besteht, steht jener Behauptung ganz und gar nicht im Wege; denn nur darum sucht er sie von sich zu entfernen, um sich mit den Gegenständen des Vergnügens verbinden zu können. Trennung des Ungleichartigen ist Verbindung des Zusammengehörigen.

Welches sind nun diejenigen Gegenstände, mit welchen der eigenlüstige Trieb sich zu vereinigen strebt? Um diese Frage gründlich beantworten zu können, muß man nothwendig unterscheiden, was bey dem eigenlüstigen Triebe Zweck der Natur, und was Zweck des Triebes selbst sey? Die Natur hat bey der Einpflanzung dieses Triebes offenbar die Erhaltung der Gattung beabsichtiget, folglich mußte sie dem Triebe eine doppelte Richtung ertheilen, eine, die zur Erhaltung des Individuums, die andere, die zur Fortpflanzung des Geschlechtes abzweckt. Dies ist Zweck der Natur. Der Trieb selbst hingegen beabsichtiget nicht diesen Zweck, sondern er sieht bloß auf das Angenehme, oder Unangenehme der Befriedigung, oder Nichtbefriedigung; und die Natur bedient sich dieses dem Triebe eigenthümlichen Zweckes als eines Mittels, den ihrigen zu erreichen. Der Trieb muß sich zu dem Ende mit den seinem Zwecke ent=

entsprechenden Gegenständen zu verbinden suchen. Diese Verbindung zu befördern, hat die Natur, durch eine besondere Einrichtung unseres Gefühlvermögens, damit ein Gefühl der Lust, und mit ihrer Verhinderung ein Gefühl der Unlust verknüpft.

Es sind also dem eigenlüstigen Triebe von der Natur selbst die Gegenstände seines Strebens vorgeschrieben, auf die er auch immer eingeschränkt bleibt. In Ansehung dieser Gegenstände löst er sich also in folgende Theile auf.

1) In ein Streben nach Verbindung mit Gegenständen zur Erhaltung des Individuums. Man könnte ihn den **Nahrungstrieb** nennen.
2) In ein Streben nach Verbindung mit einem Gegenstande zur Erhaltung der Gattung. Hier heißt er **Geschlechtstrieb**.

Beyde zusammengenommen erschöpfen den Begriff des eigenlüstigen Triebes vollkommen, und alle andere Arten, sie mögen Nahmen haben, welche sie wollen, lassen sich auf diese beyden zurückführen.

Wenn ich hier die Möglichkeit, und die Aeusserungen eines Triebes überhaupt erklären sollte: so wäre freylich hier der Ort, die Frage aufzuwerfen: Ob die ersten Aeusserungen eines Triebes durch ihn selbst oder durch seinen Gegenstand veranlaßt werden? Sieht man bey dem Begriffe eines Triebes auf seine Wortbedeutung, nach welcher er ein thätiges Streben, ein **Treiben** bezeichnet: so scheint es, daß,

weil

weil er im Gemüthe vorausgesetzt wird, und demselben angeboren ist, er als eine Urkraft, und also noch vor der Einwirkung seiner ihm entsprechenden Gegenstände seine thätige Kraft äussere. Weil ich aber weiter unten diese Frage noch einmal berühren muß: so begnüge ich mich bloß hier anzumerken: daß der eigenlüstige Trieb — seine Thätigkeit möge nun durch Gegenstände erwirkt worden seyn oder nicht — sogleich mit dem Eintritt des Thieres, oder des Menschen in die Classe lebender Wesen erwache — weil mit diesem Eintritt der Zweck der Natur alsogleich beginnt. Und da diese die Gattung nur durch die Individuen erhält, so muß der Nahrungstrieb sich nothwendig früher als der Geschlechtstrieb äussern, der erst dann sich zu regen anfängt, wenn das Individuum seiner Vollkommenheit sich nähert. Beyde wirken instinktmäßig, weil der Zweck der Natur nothwendig ist, und es ihr nicht gleichgültig seyn kann, ob er erreicht wird, oder nicht? Sie bleiben daher immer in den ihnen festgesetzten Schranken, und können nur durch die Einwirkung, oder vielmehr durch den Mißbrauch solcher Vermögen ausarten, die von dem, in welchem sie sich gründen, wesentlich verschieden sind. Nie werden wir finden, daß das Thier seine Gränze überschreitet, und selbst der Mensch so lange er noch Thier ist, folgt der Stimme der Natur, und bleibt bey der einfachen

Be=

Befriedigung seines eben gefühlten Bedürfnisses stehen.

Aus diesen Betrachtungen ergiebt sich nun zur Genüge, daß das Vermögen, in welchem der eigenlüstige Trieb sich gründet, kein anderes, als die Sinnlichkeit sey, wenn man darunter diejenige Einrichtung des Gemüthes versteht, vermöge welcher man durch die Art und Weise, wie man afficirt wird, zu Vorstellungen und Empfindungen gelangt. Und da der Trieb bey seinem Streben nach Befriedigung, auf gewisse Arten von Gegenständen, von welchen er afficirt wird, durch die Natur eingeschränkt ist: so setzt er nothwendig auch ein sinnliches Vorstellungs= Gefühl= und Begehrungsvermögen voraus. Denn ist überhaupt keine Empfänglichkeit für sinnliche Gegenstände da: so wird entweder gar kein Trieb nach Verbindung mit dergleichen Gegenständen in uns vorhanden seyn, oder wenn er doch vorhanden ist, wird er keinen Zweck haben, und ewig unbefriedigt bleiben müssen, welches der Ideen der vollkommenen Zweckmäßigkeit der Natur widerspricht. Weil nun die Fortdauer des Individuums, und der Gattung nur durch eine fortgesetzte Verbindung mit sinnlichen Gegenständen möglich, und diese Verbindung wieder nur durch eine fortgesetzte Einwirkung der Gegenstände, und Empfänglichkeit für dieselbe gedenkbar ist — welches zusammengenommen das *sinnliche Leben* ausmacht: so ist der eigenlüstige Trieb nicht

G nur

nur die nothwendige Bedingung des sinnlichen Lebens, sondern auch das große Instrument, dessen sich die Natur zur Erreichung ihres Zweckes, den sie bey einer jeden Classe ihrer lebendigen Geschöpfe beabsichtiget zu bedienen pflegt. Wenn also die Stoiker, und besonders ihre unwürdigen Nachfolger die mystischen Asceten es auf eine gänzliche Ausrottung des eigenlüstigen Triebes, oder wie diese letztern sich ausdrückten, auf Tödtung des Fleisches anlegten: so versündigten sie sich nicht nur an sich selbst, an der ganzen Menschengattung, und an der Natur, sondern sie begannen auch etwas unmögliches, weil die subjective Kraft des Individuums der objectiven einer ganzen Gattung, oder welches hier einerley ist, der allmächtigen Kraft der Natur selbst nicht gewachsen seyn kann. Zerstörung des Triebes ist Zerstörung des sinnlichen Lebens. Sie würden daher weit früher zu ihrem Zwecke gekommen seyn, wenn sie die Tödtung des Fleisches in buchstäblichem Verstande genommen hätten.

So schwer es fiel in die Natur des menschlichen Vorstellungsvermögens einzudringen, und seine ursprünglichen Formen auszuspähen: so schwer, und noch ungleich schwerer muß es fallen, der Natur ihr Geheimniß bey der Einrichtung unseres Gefühl- und Begehrungsvermögens abzulocken. Bey der Untersuchung des ersteren hat es das Vermögen mit sich selbst zu thun. Es führt seine Vorstellungen, und Begriffe

griffe durch Abstraction, wieder auf Vorstellungen und Begriffe zurück, und besieht sich gleichsam in einem Spiegel, der ihm sein eigenes Bild treu wieder zurückgiebt. Nicht so ist es mit der Erkenntniß der beyden letztern Vermögen beschaffen. Hier müssen Gefühle und Begierden erst ihr eigenthümliches Gebiet verlassen, und in ein anderes übergehen, um vorgestellt zu werden. Man sieht sie daher nicht in ihrer eigenen Gestalt, sondern durch ein gefärbtes Glas, welches nach Verschiedenheit der Subjecte bald heller, bald trüber ist. Eben dieselben Schwierigkeiten finden sich bey der Erforschung der Natur des eigenlüstigen Triebes, der in dem sinnlichen Begehrungsvermögen gegründet ist. Wir nehmen ihn nicht unmittelbar wahr, sondern schliessen nur auf sein Daseyn von einer wirklichen Begierde, die ihn voraussetzt. Das Begehrungsvermögen enthält den Grund der Möglichkeit von beyden, der Trieb hingegen enthält den Grund der Wirklichkeit einer Begierde. Und da er nach angenehmen Empfindungen, und Gefühlen strebt, mithin sein Gegenstand im Gefühlvermögen liegt: so wird er nothwendig auch den Grund der Verbindung des Gefühlvermögens mit dem Begehrungsvermögen enthalten müssen. Ist der Trieb schon wirksam, ehe noch äussere Gegenstände ihn zur Thätigkeit aufgefodert haben; ist er also eine Urkraft: so kann — weil doch ein Gegenstand seyn muß, auf den er wirken soll, — die erste Aeusserung dieser sei-

ner Wirksamkeit in nichts anderm, als in einer Ein=
wirkung auf das Gefühlvermögen mithin in einem
Afficiren bestehen. Dieses Afficiren, weil es
von keinem äussern Gegenstande herrührt, muß ein
inneres Gefühl zur Folge haben, welches, da der
Trieb doch nicht befriediget wird, unangenehm seyn
muß. Wird er hingegen erst durch äussere Gegen=
stände zum Leben d. h. zur Thätigkeit erweckt: so
werden die Gefühle der Lust oder Unlust die durch
den Eindruck seiner Gegenstände hervorgebracht wer=
den, folglich das Gefühlvermögen selbst den Trieb af=
ficiren. Seine erste Aeusserung wird also nicht thätig,
sondern leidend seyn.

Weder Vernunft, noch Erfahrung kann jedoch
etwas entscheiden. Die Vernunft nicht, weil die
Aeusserungen eines Vermögens nur durch Erfahrung
erkannt werden, und der Begriff eines Triebes, zwar
den von hypothetisch, aber nicht absolut nothwendi=
ger Thätigkeit in sich schließt, so daß man den Trieb
sich nicht bloß als Kraft, sondern auch als Vermö=
gen — daß er also unaufgeregt auch nie sich äussern
— allerdings denken kann. Nicht die Erfahrung,
weil wir den Menschen nicht erst bey seiner Geburt,
sondern schon bey seinem Eintritte in die Reihe leben=
der Wesen beobachten, und auf diese Art die Natur
in ihrer innersten Werkstätte beschleichen müßten.
Das kann aber ein Gegenstand der Sinne, und also
auch nicht der Beobachtung werden.

Es

Es mag aber mit dieser ersten Aeusserung des Triebes beschaffen seyn, wie es immer will, so ist doch soviel richtig, daß er sich unmittelbar auf Gefühle, und durch diese auf äussere Gegenstände beziehe. Und da der Zweck der Natur bey dem eigenlüstigen Triebe uns die Gegenstände seines Strebens kennen gelehrt hat; so ist ihm hieburch wenigstens sein eigenthümliches Gebiet vorgezeichnet. Da er ferner, wie wir gesehen haben, den Grund der Wirklichkeit einer Begierde in sich enthält, so wird man ihn mit Recht durch den Grund des Strebens nach den ihm eigenen angenehmen Empfindungen und Gefühlen erklären können. Seine Bestimmung ist Begierden hervorzubringen, ihnen nach Beschaffenheit des Bedürfnisses ihre Richtung zu geben, je nachdem dadurch die Erhaltung des Individuums, oder der Gattung bewirkt werden soll. Er äussert sich heftiger, oder mässiger, je nachdem das Bedürfniß grösser oder kleiner ist, je nachdem die Gegenstände seines Strebens reitzender sind, ihm näher oder entfernter liegen, die Verbindung mit ihnen mit grösseren, oder geringeren Hindernissen, und Schwierigkeiten verknüpft ist; und auch hierinn findet noch immer eine große Verschiedenheit statt, nach dem Grad und dem Maaß der Stärke, und der besonderen Einrichtung, welche die Natur einem jeden ihrer lebendigen Geschöpfe mitgetheilt hat. Der Täuber äussert die Lieb zu seinem Weibchen durch ein zärtlich lockendes Girren; der vom Hunger geplagte Löwe erfüllt die lybischen Thäler mit fürchterlichem Gebrülle, und schlägt alles, was sich ihm nähert, zu Boden.

Auf dieser niedrigen Stuffe des eigenlüstigen Triebes steht nun auch der Mensch, ehe die Kultur ihr großes Werk an ihm begonnen hat. Gleich dem Thiere hat er es nur mit sich, und seiner Existenz zu thun, welche mit dem Gegenstande in eines zusammenfließt. Jede Art von Freyheit flieht ihn in diesem Zustande. So wie das Thier, befriediget er den Trieb blindlings, und nur die menschliche Bildung unterscheidet ihn von demselben. Er handelt gezwungen durch den Stoff der Sinnlichkeit — nicht nach vorgestellten Regeln oder Maximen, sondern nach einzelnen, und solchen Vorstellungen, welche die Natur ihm unbewußt durch die Einrichtung seiner Triebe bestimmt hat, eingeschränkt auf sein eigenes Bedürfniß, auf die einzelne, nur ihm angenehme Empfindung. Das Thier kann auch schon deswegen auf die Befriedigung der Triebe eines andern keine Rücksicht nehmen, mithin auf keine Weise uneigennützig handeln, weil es sich gar keine Vorstellung von der Empfindung eines andern machen kann, indem es sonst ein Reflexionsvermögen besitzen müßte; da hingegen der Mensch, der dieses Vermögen besitzt, eben hiedurch in den Stand gesetzt wird, bey der Befriedigung seiner Triebe, auch die eines andern zu be-

beabsichtigen, und also nicht mehr bloß eigennützig handeln zu dürfen.

Nachdem wir nunmehr die eigentliche Beschaffenheit des eigenlüstigen Triebes kennen: so werden sich die Wirkungen des Verstandes, und der Vernunft auf diesen Trieb viel leichter einsehen lassen. Also

2. Vom eigennützigen Triebe in engerer Bedeutung.

Der Verstand bearbeitet den durch die Sinnlichkeit ihm gegebenen Stoff, und bringt ihn auf Begriffe. Eben dieses Geschäfte übt er an dem Stoffe, den der eigenlüstige Trieb ihm darbietet. Wenn nähmlich dieser seinen Zweck, die sinnliche Lust erstrebt hat: so sammlet jener das im Genuße vorkommende Mannigfaltige, und bringt es auf Einheit. Diese Einheit, die selbst eine Vorstellung ist, ist die Vorstellung des Nutzens. Sie bezieht sich unmittelbar auf das angenehme Gefühl, und durch dasselbe auf die Gegenstände, welche es hervorgebracht haben. Sie ist ein Erfahrungsbegriff, denn sie setzt das Gefühl voraus, aus welchem sie erst hervorgeht. Dieses widerspricht jedoch keineswegs der oben aufgestellten Behauptung: daß sich Nutzen und Vergnügen wie Grund und Folge zu einander verhalten. Denn hier ist von dem Ursprung des Begriffes, dort war von der Wirkung des Gegenstandes, dem dieser Begriff entspricht, die Rede. Nützlich nannten wir dasjenige, was als Mittel zu einer angenehmen Empfindung dient. Die Vorstellung des Nutzens wird also die Vorstellung des Mittels zu einer solchen Empfindung seyn. Da nun die Sinnlichkeit es mit Empfindungen, und Gefühlen unmittelbar zu thun hat, so wird die Vorstellung des Nutzens ausschließlich dem Verstande angehören, und folglich ein Begriff seyn. Die Vorstellung eines Mittels zum Vergnügen, ist demnach der erste Schritt, welchen der Mensch bey seinem Uebergange vom Thiere zur Menschheit macht. Denn hier schaut er nicht bloß an, hier empfindet er nicht bloß, sondern er denkt schon. Diese Vorstellungen sind freylich noch in ihrer ersten Rohheit, und Einfachheit, weisen unmittelbar auf den Genuß zurück, aus dem sie entsprungen sind, und stehen noch unter sich in keiner Verbindung, sondern sind einzeln, und abgerissen da. Bey jedem wiederkehrenden Bedürfnisse kehren sie auch in ihrer vorigen Gestalt und Ordnung wieder zurück, und werden ohne Abänderung zur Befriedigung desselben gebraucht. Nach und nach entwickelt sich das Vermögen der Begriffe immer mehr. Es fängt an die Grade angenehmer Empfindungen mit einander zu vergleichen, und sie deutlich zu unterscheiden. Es wird hierdurch in den Stand gesetzt, gewisse Klassen zu machen, in welche es es die einzelnen zerstreuten Empfindungen ordnet, da sie vorher im Gewühle durch

eine

einander liefen, und ein unförmliches gestaltloses Chaos ausmachten. Dieß ist die zweyte Stuffe, welche der Mensch von der Thierheit hinweg bestiegen hat. Hier macht er sich schon Vorstellungen von Mitteln der Mittel des Vergnügens, hier ordnet er schon den höhern die niedrigen unter, vergleicht ihre Brauch=barkeit untereinander und ihre Tüchtigkeit zum Zwecke. Auf dieser Stuffe stellt der Verstand vermittelst der vorgenommenen Ordnung der Begriffe für den eigen=nützigen Trieb die Regel auf: Je inniger, mannich=faltiger, anhaltender das Vergnügen, desto größer der Nutzen, den der Gegenstand gewährt, welche Regel in praktischer Rücksicht Maxime des Verhaltens des eigennützigen Menschen ist.

Nach den verschiedenen Functionen des Verstan=des sind auch die Aeusserungen des eigennützigen Trie=bes, oder des Triebes nach Vergnügen sehr verschie=den, sie können daher auch nicht als Wirkungen des Triebes, der immer nur auf Vergnügen, es möge dieses nur mittelbar, oder unmittelbar erhalten wer=den, hinstrebt, sondern des auf ihn einwirkenden Verstandes angesehen werden. Dieser bestimmt den Trieb nicht mehr nach einzelnen, sondern nach man=nichfaltigen Genüßen zu streben, er lehrt ihn kleinere Vergnügungen aufzugeben, um dadurch größere zu er=langen. Er erhebt ihn dadurch, zwar noch nicht zum Streben nach Glückseligkeit, aber doch schon zum Stre=ben nach Glücke. Denn die Regeln des Verstandes entspringen ihrem Stoffe nach aus der Sinnlichkeit, sie sind abgezogen von Naturgesetzen unserer Neigungen, und ihrer Objecte, sie hängen nicht systematisch unter sich zusammen, weil sie nicht aus einem Princip entsprungen sind, und sind ihrer Quelle nach eben so zufällig, und nur particulär oder gar individuell, als sie es in ihrem Entstehen sind. (S. Schmids Moralphilosophie S. 112. der 1. A.) Und nach solchen Regeln geordnete Empfindungen sind es gerade, welche wir mit dem Ausdrucke Glück bezeichnen. In diesem Sinne könnte man den durch den Verstand modificirten eigennützigen Trieb auch den Glückstrieb nennen.

Es erzeigt aber auch der Verstand durch seine Einwirkung auf den Trieb neue Gegenstände des Vergnügens, welche wir im Gebiete des eigenlüstigen Triebes nicht antreffen. Es ist dieses das Vergnügen, das sich auf die nur dem Verstande eigenthümliche Vorstellung von Vorzügen, sie mögen nun wahr oder eingebildet seyn — gründet. Diese Modification des eigennützigen Triebes nennen wir den Ehrtrieb, welchen wir aus dem eben angeführten Grunde beym Thiere vermißen. Er spielt auf dem Schauplatze der Weltbegebenheiten eine sehr wichtige Rolle, und seine Erscheinungen sind sowohl bey einzelnen Individuen, als ganzen Nationen äusserst merkwürdig.

Nun hätten wir bey der Betrachtung des eigennützigen Triebes noch die Wirkungen der Vernunft

nunft auf diesen Trieb kennen zu lernen. Ihr Geschäfte bestehet darinn, den durch den Verstand bearbeiteten sinnlichen Stoff, nemlich die Begriffe, die dieser gebildet hat, auf die höchste mögliche Einheit zu bringen, und sie auf ein Ganzes überhaupt zu beziehen. Der Verstand begnügte sich die einzelnen angenehmen Empfindungen zu ordnen, und in gewisse Claßen zu vertheilen, das Gleichartige vom Ungleichartigen zu scheiden, und besondere Regeln zur Befriedigung des eigennützigen Triebes aufzustellen. Die Vernunft hingegen wendet die ihr eigenthümliche Form des Absoluten auf diese geordneten Empfindungen an, und stellt in der Idee der Glückseligkeit ein Ideal auf, welches alle möglichen angenehmen Empfindungen nach den vier Momenten der Kategorien in sich vereiniget. Dieß ist die dritte Stuffe, welche der Mensch bey seinem Streben nach Vollkommenheit erklimmt. Auch hier bleibt ihm zwar noch immer Object des Triebes, das Angenehme, das Vergnügen, aber nun strebt er nicht mehr nach cholirten Genüßen, auch nicht bloß nach gewissen Arten angenehmer Empfindungen und Gefühle, sondern nach der Totalsumme derselben. Er überläßt sich nicht mehr blindlings jedem Eindruck, weil Vergnügungen mehr, oder minder angenehme Empfindungen sehr oft mit einander collibiren, und durch die Wahl des einen, man sehr oft eines höhern Gutes, und dadurch der ganzen Glückseligkeit verlustig wird. Der eigennützige

Trieb

Trieb wird also zum Glückseligkeitstriebe erweitert. Die Vernunft beschränkt ihn bey einzelnen Genüßen, um ihn fürs Ganze empfänglich zu machen, sie lehrt ihn Selbstüberwindung, und Aufopferung, um ihn vom Endlichen zum Unendlichen zu erheben. Von diesem Triebe giengen nun die Eudämonisten in ihrem Systeme aus, und seinen Gegenstand machten sie zum letzten Zwecke der menschlichen Bestimmung.

Wenn man nun alle diese hier angezeigten Aeusserungen des eigennützigen Triebes, mit dem Sinne, den der Sprachgebrauch mit diesem Ausdrucke verknüpft hat, vergleicht; so wird man finden, daß sie vollkommen mit einander übereinstimmen. Sowohl in seiner reinen, als vermischten Gestalt äussert er sich immer durch ein Streben nach eigenem Vergnügen, und selbst der Nutzen, den der eigennützige Mensch bey seinen Handlungen beabsichtiget, dient ihm bloß als Mittel, angenehmer Empfindungen und Gefühle theilhaftig zu werden. Derjenige also, der sich bloß durch seinen eigennützigen Trieb leiten läßt, ist im strengsten Verstande ein Egoist. Besäße der Mensch ausser diesem Trieb keinen anderen mehr, so würden alle seine Gesinnungen und Handlungen aus dieser Quelle herfließen, er wäre der Mittelpunct, von welchem alle ausliefen, und in dem sie sich alle wieder vereinigten. Beym rohen Thiermenschen sehen wir ihn in wildem Ungestüm ausbrechen; bey dem durch Cultur des Verstandes gewitzigten Bürger in feineren Nü=

ancen

ancen sich äussern, und bey dem durch Vernunft aufgeklärten Kosmopoliten sogar den Schein der Uneigennützigkeit annehmen. Allein auf allen diesen verschiedenen Stuffen der Cultur bleibt sich der Trieb doch immer gleich, überall ist die Absicht der Handlung eigener Nutzen, eigenes Vergnügen, und die Absicht ist es doch eigentlich, welche die Handlung dazu, was sie ist, stempelt. Solange demnach der Mensch bloß bey der Befriedigung seines eigennützigen Triebes stehen bleibt: so lange gehört er noch in eine Classe mit dem Thiere. Er ist zwar, wenn sein eigennütziger Trieb die Form des Verstandes, und der Vernunft erhalten hat, kein rohes, sondern ein verfeinertes, aber doch immer noch ein Thier. Er hat mit diesem einen Gegenstand des Strebens, eine Bestimmung, einen Zweck; zwar dem Grade, aber nicht der Art nach verschieden.

2. Vom uneigennützigen Triebe in der menschlichen Natur.

Der Ausdruck **uneigennützig** enthält seiner Wortbedeutung nach eine Verneinung, und bezeichnet etwas, das **nicht eigennützig ist**. Man kennt aber eine Sache noch nicht, wenn man von ihr bloß sagt, was sie nicht ist. Soll also der Begriff von etwas uneigennützigem nicht leer seyn, so muß er ein Merkmal an sich haben, das ihm eine positive

Bestimmung giebt. Wenn ein Mensch uneigennützig handelt, so kann Eigennutz freylich nicht die Triebfeder seiner Handlung seyn. Da sich aber gleichwohl diese Handlung in etwas gründen muß, so wird dasjenige, was diesen Grund in sich enthält, auch das positive Merkmal der uneigennützigen Handlung enthalten. Dieser Grund wird nun entweder in, oder ausser uns anzutreffen seyn. Ausser uns kann er nicht seyn, weil er die Möglichkeit einer uneigennützigen Handlungsweise, die sich auf ein inneres Princip, nähmlich auf ein Vermögen des Gemüthes gründen muß, nicht erklären würde. Wir haben ihn also bloß in uns selbst aufzusuchen. Und da die Naturgesetze der Lust und Unlust bloß für den eigennützigen Trieb gelten: so wird die uneigennützige Handlung auch nicht als von diesem Triebe abgeleitet angesehen werden können, folglich einem ganz anderen Gesetze unterworfen seyn müßen. Dieses ist nun das in uns selbst befindliche moralische Gesetz, welches seiner Quelle nach aus der praktischen Vernunft entspringt, und den Handlungen das ihr eigenthümliche Gepräge aufdrückt. Daß es von jenem Naturgesetze ganz verschieden sey, sieht man auch schon daraus, daß es sich nicht in einem sinnlichen angenehmer, und unangenehmer Gefühle fähigen Vermögen, sondern in einem rein vernünftigen gründet. Ist nun eine Handlung dem sittlichen Gesetze vollkommen angemessen, so trägt sie schon den Character des Uneigennützigen

an

an sich, weil nicht Eigennutz ihr das Daseyn gegeben hat. Folglich ist das positive Merkmal einer uneigennützigen Handlung ihre vollkommene Angemessenheit zum Sittengesetze. Sie darf aber nicht bloß dem Inhalte, sondern sie muß auch der Form nach, diesem Gesetze angemessen seyn; und dieß ist sie nur dann, wenn sie rein vernünftig, und nicht aus sinnlichen Triebfedern entsprungen ist. Deutlicher: der uneigennützige Mensch befolgt das moralische Gesetz nicht deswegen, weil er dabey seinen Vortheil zu finden hoft, sondern weil er rein vernünftig handeln will. Der Grund der Möglichkeit einer rein vernünftigen, oder — welches einerley ist — sittlichen Handlungsweise, liegt also, wie wir gesehen haben, in der praktischen Vernunft. Der Grund der Wirklichkeit des Strebens darnach, oder einer vernünftigen Begierde wird nothwendig in einem Triebe liegen müssen, welcher, da er nicht Vergnügen beabzweckt, mit Recht u n e i g e n n ü ß i g genennt wird; und in einem Streben nach rein vernünftiger sittlicher Handlungsweise bestehen muß.

Wer das Daseyn des uneigennützigen Triebes läugnen wollte: der müßte sich noch nie beobachtet, noch nie die Stimme des Gewißens bey sich wahrgenommen haben. Nicht das moralische Gesetz — und dieses wird er doch etwa nicht läugnen wollen? — welches sich in Ansehung der positiven Bestimmung zu einer Handlung ganz indifferent verhält, — indem es es sonst eine thätige Kraft seyn müßte — sohdern der in uns befindliche uneigennützige Trieb ist es, der auf Uebereinstimmung der Handlung mit dem Gesetze bringt, und uns die Befolgung desselben zur Pflicht macht. Das auf die Befriedigung oder Nichtbefriedigung dieses Triebes erfolgende Gefühl der Lust, oder Unlust, ist schon hinlänglich, uns von dem wirklichen Daseyn desselben zu überzeugen. Und in der That wäre auch das Sittengesetz in uns ganz überflüßig, wenn nicht eine Kraft in uns vorhanden wäre, die uns unaufhörlich antreibt, unsere Gesinnungen und Handlungen, diesem Gesetze, welches sich auf keine Weise wegvernünfteln läßt, anzupassen. Gesetz und Trieb sind daher gleich nothwendiger Weise da, und schließen sich wechselseitig ein. Das Gesetz stellt die unveränderliche Richtschnur unserer Gesinnungen und Handlungen auf, der Trieb sucht die letztern nach dieser Richtschnur einzurichten.

Sehen wir nun auf die eigentliche Beschaffenheit dieses Triebes: so ergiebt sich sehr leicht: daß, da er in einem Streben nach rein vernünftiger Handlungsweise besteht, er nicht wie der eigennützige ein Sachtrieb, sondern ein Formtrieb seyn müße. Jener strebt nach Vergnügen, mithin nach Objecten, die ein angenehmes Gefühl erwecken — dieser nach bloßer Vernunftmäßigkeit, welche sich zwar auch auf einen Gegenstand, nähmlich das moralische Gesetz bezieht, der aber aus der Form der reinen Vernunft

selbst

selbst hervorgeht, und auſſer ihr auch nirgends anzutreffen ist. Alle Arten angenehmer Empfindungen und Gefühle, so geistige Ursachen sie auch immer haben mögen, ſetzen ein Afficirtwerden der Sinnlichkeit voraus, und alle Handlungen, die ein solches Afficirtwerden zur Absicht haben, gehören in das Gebiet des eigennützigen Triebes. Der uneigennützige Trieb hingegen strebt nach reiner absoluter Thätigkeit, die mit keinem Leiden verbunden ist, sondern in der bloßen Realisirung der Form der Vernunft besteht. Diese Realisirung hat nun freylich ein angenehmes Gefühl, welches man das reine Vernunftgefühl nennen könnte, zur nothwendigen Folge. Aber es ist nicht Zweck des Triebes selbst, ist für ihn etwas bloß zufälliges, und kömmt bey seinem Streben in gar keine Betrachtung. Es hängt dieß vielmehr von der zufälligen Einrichtung unsers Gefühlvermögens, und den auf daſſelbe einwirkenden Ursachen ab. Auch ist allerdings das Vergnügen, welches die Angemessenheit zum sittlichen Gesetze zu seiner Folge hat, an sich das edelste, das wünschenswürdigste, und ein Mensch heißt in der gemeinen Sprache auch dann schon uneigennützig, wenn er zur Erfüllung seiner Pflicht sich durch ein so edles Vergnügen bestimmen läßt, und aus Scheu vor jener peinigenden Unzufriedenheit mit sich selbst, welche die Uebertretung des Gesetzes nach sich zieht, seine Vorschriften befolgt. Der uneigennützige Trieb kann aber auch nicht einmal diese Art des Vergnügens zur Triebfeder seiner Handlungen erheben, sondern diese muß vom Gesetze selbst hergenommen seyn. Ob die wirklichen Handlungen des Menschen nun dieses reine unvermischte Gepräge der Vernunft an sich tragen, da er kein bloß vernünftiges, sondern auch ein mit Sinnlichkeit begabtes Wesen ist — davon kann hier die Frage nicht seyn. Wir betrachten den Trieb seiner inneren Beschaffenheit nach, er möge allein für sich, oder mit einem andern zugleich, in einem Subjecte existiren — und zu dem Ende müßen wir nothwendig alles fremdartige, nichtvernünftige absondern. Das moralische Gesetz, und der rein uneigennützige Trieb, der auf seine Beobachtung bringt, — nicht seine Verbindung mit einem sinnlichen Wesen, war bisher der Gegenstand unserer Untersuchung. —

So mannigfaltig und verschieden die Gegenstände des Strebens des eigennützigen Triebes sind, die sich alle in ein Streben nach Vergnügen überhaupt auflösen: so einzig und einfach ist der Gegenstand des Strebens des uneigennützigen. Er besteht, wie wir gezeigt haben, in einem Streben nach Sittlichkeit, und ist eine Grundkraft des Gemüthes, von der sich nicht wieder ein von ihr selbst verschiedener Grund ihrer Wirksamkeit angeben läßt. Dem eigennützigen Triebe hat die Natur die Gegenstände seines Strebens bestimmt, weil sie dadurch die Erhaltung des Individuums und der Gattung beabsichtigte. Was

wird

wird also dasjenige seyn, was dem uneigennützigen Triebe gerade das moralische Gesetz zum Gegenstande seiner Wirksamkeit angewiesen hat? Ist es auch die Natur, und wenn sie es ist, was beabsichtigte sie durch diesen Trieb? oder ist es etwas anderes? Daß wir nicht bloß sinnliche Wesen sind, davon überzeugt uns das Bewußtseyn des in uns vorhandenen Sittengesetzes. Der uneigennützige Trieb bringt auf Befolgung desselben, er führt also moralische Nothwendigkeit, mithin auch die Möglichkeit seiner wirklichen Befolgung mit sich. Ist nun Erhaltung der Menschengattung bloß Zweck der Natur bey der Einpflanzung des eigennützigen Triebes — hat also dieser Trieb bloß in Beziehung auf jenen Zweck einen Werth: so wird der uneigennützige Trieb, wie auch immer das in der Vernunft sich gründende moralische Gesetz in den Menschen hineingekommen seyn mag, in der Vernunft enthalten seyn, und einen absoluten Werth haben müssen. Sittlichkeit ist also Zweck an sich; nicht so das Vergnügen, das dem eigennützigen Triebe nur wegen des Zweckes der Natur Zweck geworden ist. Hier sind wir aber auch schon bey der Gränze des Forschens angelangt. Fragen, warum die Vernunft bey der Aufstellung des moralischen Gesetzes einen solchen Zweck aufgestellt habe, heißt fragen, warum der Zweck der Vernunft vernünftig sey? Wenn also der eigennützige Trieb nach Vergnügen strebt, so befördert er dadurch den Zweck der Natur, wenn aber

H 2   der

der uneigennützige nach Sittlichkeit strebt, so erreicht und befördert er dadurch keinen andern, als seinen eigenen, der mit dem der Vernunft vollkommen eins ist. Hier giebt sich der Mensch durch seine Vernunft selbst ein Gesetz, dort muß er es von der Natur annehmen. Hier macht er sein eigenes Gesetz zur Regel seiner Handlungen, dort wirkt er gezwungen, und gebunden an den Stoff der Sinnlichkeit. So entspringt also auf dem Grund und Boden des uneigennützigen Triebes **die Freyheit**, wenn man sich unter ihr die Unabhängigkeit von allen fremdartigen Gesetzen, die der Mensch nicht selbst sich giebt, versteht. Nicht als wäre der Trieb frey, — denn dieß enthielte einen Widerspruch — der ist so gut an den Zweck der Vernunft, als der eigennützige an den Zweck der Natur gebunden; — sondern der Mensch ist frey, weil er außer seinem eigennützigen Triebe, auch noch einen uneigennützigen hat, der nicht den Zweck der Natur, der von ihm selbst verschieden ist, sondern einen in seiner eigenen Vernunft gegründeten Zweck zum Gegenstande hat.

Wir kommen nun zu den Bedingungen, unter welchen der uneigennützige Trieb sich äussern kann. Diese hängen von der Beschaffenheit und Natur des Wesens ab, in welchem jener Trieb sich befindet. Wenn bey einem Wesen das Bewußtseyn des moralischen Gesetzes mit seinem Daseyn in eins zusammenfließt; so äussert sich auch der Trieb mit diesem Bewußtseyn zugleich.

gleich. Im Menschen hingegen, dessen geistige Vermögen sich gerade am spätesten entwickeln, und der so viele Stuffen der Cultur durchwandern muß, bis seine Vernunft zu derjenigen Reife herangediehen ist, in der er sich das sittliche Gesetz in seiner lauteren Klarheit vorstellen kann — schlummert er lange. Je edler die Kraft, desto später erreicht sie ihre Vollkommenheit bey endlichen Naturen. Hier bedarf es aber auch nur des ersten Strahles der gesetzgebenden Vernunft, und der Trieb ist zum Leben erwacht. Er wirkt nun wohlthätig auf diejenige zurück, die ihn ins Daseyn hervorrief, und nun halten sie beyde im Wachsthum zur Vollkommenheit gleichen Schritt. Mit der Deutlichkeit des Bewußseyns des Gesetzes, wächst das Bedürfniß ihm Genüge zu leisten; mit dem Bedürfniße wächst der Forschungsgeist der Vernunft, und vom Begriffe des Gesetzes scheiden sich die Schlacken des Irrthums, und der Vorurtheile. Was die Aufklärung der Vernunft befördert, befördert auch die Wirksamkeit des Triebes; und umgekehrt, verhält es sich auch im entgegengesetzten Falle. Je dunkler das Bewußtseyn des Gesetzes wird, desto schwächer wird der Trieb. Nicht immer sind daher Menschen und Nationen an dem Verfalle ihrer moralischen Cultur allein Schuld. Aeussere Umstände, die auf die Geisteskräfte einen nur zu entschiedenen Einfluß haben, verursachen sehr oft das Steigen und Fallen der Moralität, und jeder wird in der Ge-

schich-

schichte Beyspiele genug als Belege zu dieser Behauptung finden. Wenn man ausserdem den uneigennützigen Trieb seiner innern Möglichkeit nach, also als Vermögen des Gemüthes betrachtet: so wird er nothwendig, so wie jedes andere Vermögen einen gewißen angebohrnen Grad der Stärke besitzen müßen, welcher dem jedesmaligen Grade der Stärke bey dem wirklichen Streben nach Sittlichkeit angemeßen ist. Zu der Deutlichkeit des Bewußtseyns des moralischen Gesetzes, kommt also auch noch jener angebohrne Grad von Kraft bey der Beurtheilung der sittlichen Handlung mit in Betrachtung. Diese Kraft kann zwar durch Uebung, wie jede andere, gestärkt und erhöht werden, aber das Maaß, das ihr von der Natur mitgetheilt ist, kann sie als endliche Kraft nicht überschreiten. Der Gegenstand des Strebens des uneigennützigen Triebes, — Sittlichkeit, — bleibt zwar für alle vernünftige Wesen einer und eben derselbe, aber der Grad desselben ist bey der unendlichen Verschiedenheit der moralischen Constitution — wenn ich mich so ausdrücken darf — auch unendlich verschieden.

Und nun hätten wir bey der Betrachtung der Natur des uneigennützigen Triebes noch zu untersuchen, was ihn denn eigentlich zur Thätigkeit bestimme, oder worinn seine Triebfeder bestehe? Der eigennützige strebt nach Verbindung mit Gegenständen der Lust, wegen des Vergnügens, das damit verbunden ist. Vergnügen ist ihm also Zweck, und Triebfeder

zu-

zugleich. Eine solche muß sich auch bey dem uneigennützigen Triebe finden, wenn er nicht grundlos wirken soll. Er strebt nach Sittlichkeit, oder nach einer rein vernünftigen Handlungsweise, also nach Verbindung mit einem Gegenstande der reinen Vernunft. Dieser hat, wie wir oben bemerkten, einen absoluten Werth, ist also etwas an sich, etwas absolut Gutes, nicht wie jene Gegenstände des eigennützigen Triebes etwas Gutes sind, wegen der angenehmen Gefühle, die sie zur Folge haben. Es wird also ein reines Interesse der Vernunft seyn müßen, wodurch der uneigennützige Trieb zu seinem Streben bestimmt wird. Es ist das reine Interesse an etwas absolut Gutem, und gründet sich in der praktischen Vernunft, oder dem vernünftigen Begehrungsvermögen. Nur dadurch allein wird es uns begreiflich, warum wir nach einem Gegenstande streben, der gar keinen sinnlichen Reiz an sich hat, und der sehr oft nur mit Aufopferung der süßesten Vergnügungen erhalten werden kann. Das Sittlich Gute gefällt an sich so, wie das Sinnlich Schöne, und dieses kann so wenig als jenes unreine Begierden erwecken. Beydes gefällt wegen der Form, nur mit dem Unterschiede, daß das Schöne in der Form des von dem sinnlichen Stoffe abhängigen Verstandes, das Gute in der Form der von aller Sinnlichkeit unabhängigen praktischen Vernunft sich gründet. —

Der

Der eigennützige Trieb ist der Grund der Wirklichkeit einer sinnlichen, der uneigennützige der Grund der Wirklichkeit einer vernünftigen Begierde. Diese ist aber nichts anders als der reine Wille selbst, wenn man darunter bloß das wirkliche Begehren einer vernünftigen Handlungsweise versteht. Dieser Wille ist frey, nicht in Ansehung seines Grundes des uneigennützigen Triebes, sondern in Ansehung seines Gegenstandes des moralischen Gesetzes, welches demselben nicht durch die Natur, sondern durch die Vernunft vorgeschrieben wird. Wesen, deren Handlungsweise bloß an das Gesetz der Vernunft gebunden ist, haben daher schon ihrer Natur nach einen freyen, von aller fremden Bestimmung völlig unabhängigen Willen. Wesen, die ausser jenem Gesetze auch noch an die der Sinnlichkeit gebunden sind, haben ihn zwar auch, und vermöge ihrer vernünftigen Natur müssen sie ihn haben, ob aber seine Wirksamkeit nicht durch ihre sinnliche Natur unmöglich gemacht, oder doch verhindert wird? — ist eine andere Frage.

Das Resultat aller bisherigen einzeln, über die Beschaffenheit, und die Aeusserungen des eigennützigen, und uneigennützigen Triebes angestellten Untersuchungen ist nun folgendes. Der eigennützige Trieb auf der obersten Stuffe seiner Verfeinerung strebt nach Glückseligkeit; — der uneigennützige nach Sittlichkeit. Da nun Glückseligkeit und Sittlichkeit zwey von einander ganz verschiedene Begriffe sind, deren einer in

dem

dem andern nicht enthalten ist: so müßen also auch jene beyden Triebe, da sie so wesentlich verschiedene Gegenstände ihres Strebens haben, auch wesentlich von einander verschieden seyn. Unter Glückseligkeit verstehen wir die größte mögliche Summe aller angenehmen Empfindungen und Gefühle, unter Sittlichkeit die größte mögliche Angemeßenheit aller Gesinnungen und Handlungen zum moralischen Gesetze. Auf diesen Unterschied gründen sich die beyden Systeme der Epikuräer, und Stoiker. Jene setzten die Bestimmung des Menschen in der Glückseligkeit, diese in der Sittlichkeit. — Ob sie Recht hatten, kann man schon daraus beurtheilen, daß jede dieser Sekten einen wesentlichen Bestandtheil des Menschen, die ersten den rein vernünftigen, die letztern den sinnlichen völlig aus den Augen setzten. Sittlichkeit, und Glückseligkeit in ihrer Vereinigung, müßen demnach die ganze Bestimmung des Menschen ausmachen.

Und so wären wir denn durch eine genauere Kenntniß der beyden Haupttriebe des Menschen zur Auflösung des großen Problemes: Wie sind beyde in einem einzigen Subjecte vereinbar? hinlänglich vorbereitet. Die Schwierigkeit der Auflösung dieses Problems besteht eigentlich nicht darinn, als stünden beyde Triebe miteinander in einem förmlichen Widerspruch; — denn da wäre jeder Versuch sie zu

vereinigen vergeblich, sondern in einer bloßen Entgegen=
setzung. Der eigennützige Trieb strebt nach Vergnügen,
unbekümmert, ob dieses durchs Gesetz verboten, oder
erlaubt sey. Der uneigennützige strebt nach Sittlichkeit,
was daraus entspringe, Vergnügen oder Mißvergnü=
gen. Könnte nun jeder Trieb seinen Gegenstand reali=
siren, ohne dem andern Abbruch thun zu dürfen, — so
wäre die ganze Schwierigkeit gehoben, und der Mensch
bestünde aus zwo Grundtrieben, die seine Natur aus=
machen, ohne jedoch unter sich anders, als durch
die Einheit des Subjects verbunden zu seyn. Aber so
kann oft der eine nur dann befriedigt werden, wenn
der andere auf seinen Gegenstand Verzicht thut. Da
sie nun beyde gleich nothwendig ihrer innern Einrich=
tung zu Folge, auf Befriedigung dringen: so wird
ohnstreitig derjenige den Vorzug verdienen, dessen Ge=
genstand einen höheren Werth hat, und diesen hat
nach dem vorigen der Gegenstand des uneigennützigen
Triebes. Es geschieht aber auf eine doppelte Art, daß
diese beyden Triebe mit einander in Collision kom=
men, entweder wenn der eigennützige Trieb einen Ge=
genstand begehrt, den der uneigennützige vermöge des
Gesetzes nicht wollen kann, oder wenn der uneigen=
nützige eine Handlung will, die der eigennützige nicht
begehrt, weil sie mit Mißvergnügen verbunden ist.
In beyden Fällen schließen diese Gegenstände einander
aus. Da nun das moralische Gesetz einen absoluten
Werth oder Würde hat, so wird nothwendig der
eigen=

eigennützige Trieb dem uneigennützigen untergeordnet werden müßen. Dieser Unterordnung zu Folge darf der Mensch nicht unbedingt seinen eigennützigen Trieb befriedigen, sondern nur unter der Bedingung, wenn die Befriedigung deßelben der Foderung des uneigennützigen Triebes nicht zuwider ist. Es ist daher bey dem Menschen nicht sowohl auf Glückseligkeit überhaupt, als vielmehr auf die Würdigkeit glückselig zu seyn angelegt.

Um aber unserm Zwecke näher zu kommen, müßen wir jetzt die Frage beantworten: ob der eigennützige Trieb durch jene Unterordnung unter den uneigennützigen, welche oft mit so vielen Aufopferungen verbunden ist, seines Gegenstandes der Glückseligkeit verlustig werde, oder nicht? Dieses hat allerdings den Anschein, wenn man unter Glückseligkeit die ganze Summe angenehmer Empfindungen versteht, von denen der eigennützige Trieb einige dem uneigennützigen zu Gefallen aufopfern muß. Wenn wir aber zeigen können, daß durch diese einzelnen Aufopferungen der eigennützige Trieb im Grunde nur sein eigenes Intereße befördere, und nur ein kleineres Vergnügen, um ein größeres zu erhalten aufgebe: so verschwände die ganze Schwierigkeit, und jene Aufopferung ist nur scheinbar. Dieses können wir nun in der That. Wir haben nähmlich gesehen, daß der uneigennützige Trieb, wenn er seinen Gegenstand die sittliche Handlungsweise erstrebt hat, auf das Gefühl=

fühlvermögen wirke, und in demselben ein angenehmes Gefühl, welches wir das reine Vernunftgefühl nannten, hervorbringe. Dieses Gefühl, welches aus dem Bewußtseyn seine Pflicht erfüllt, oder welches gleichviel ist, die Foderungen des uneigennützigen Triebes befriediget zu haben, entquillt, führt unendlich seligere Freuden mit sich, als das Vergnügen, welches durch die Uebertretung des Gesetzes erhalten wird, uns gewähren würde — ja das Mißvergnügen, welches jene Uebertretung zur unausbleiblichen Folge hat, verbittert sogar das süßeste und angenehmste Vergnügen. Wir belegen dieses sittliche Vergnügen mit dem Namen der **innern Zufriedenheit**, welche, da jenes Vergnügen das edelste, und die Krone, ja sogar die nothwendige Bedingung aller übrigen ist, wenn sie uns recht schmackhaft werden sollen — einen Hauptbestandtheil der menschlichen Glückseligkeit ausmacht, und ohne welche wahre dauerhafte Glückseligkeit auch nie statt finden würde. Der eigennützige Trieb muß daher seines eigenen Interesse wegen dem uneigennützigen Triebe huldigen, und er bedient sich der Sittlichkeit als Mittels um seinen Zweck zu erreichen. Wenn also Aufopferung durchaus nothwendig ist, so ist es ja viel vernünftiger, daß man das kleinere Gut — ein sinnliches Vergnügen — einem höheren, nähmlich dem sittlichen Vergnügen aufopfere.

Man

Man sieht aus diesen Betrachtungen, daß, da das sittliche Vergnügen mit dem sinnlichen, also ein höheres Gut mit einem geringeren collidirt, der eigennützige Trieb im Grunde nicht mit dem uneigennützigen, sondern bloß mit den Gegenständen seines eigenen Strebens in Collision komme, und es ist gar keinem Zweifel unterworfen, welchen von beyden der Mensch in diesem Falle vorziehen solle? Nothwendig den Hauptbestandtheil seiner Glückseligkeit, die Zufriedenheit. Ist aber kein solcher Widerstreit da, nun so kann der eigennützige Trieb auch nach sinnlichem Vergnügen ungehindert streben.

So ist also innere Zufriedenheit das Band, welches beyde Triebe den eigennützigen und uneigennützigen in einem sinnlich vernünftigen Wesen unzertrennlich mit einander verknüpft. Der uneigennützige Trieb erzeugt durch seine Befriedigung für den eigennützigen in der Hervorbringung des sittlichen Vergnügens einen Gegenstand, welcher einen Hauptbestandtheil der Glückseligkeit ausmacht, und wirkt vermittelst dieses Gegenstandes auf ihn. Der eigennützige, weil er überhaupt nach Vergnügen strebt, strebt also auch nach diesem Gegenstande, und reizt den uneigennützigen Trieb zur Hervorbringung desselben. Die innere Zufriedenheit, oder das sittliche Vergnügen ist daher mit beyden Trieben gleich nahe verwandt: mit dem eigennützigen, weil es als Vergnügen im sinnlichen Gefühlvermögen sich gründet, mit dem uneigennützigen, weil es durch die Befriedigung desselben, oder durch das Sittengesetz, mithin durch etwas rein= vernünftiges und uneigennütziges ist erzeugt worden.

Wenn aber auch die ganze Glückseligkeit das sittliche Vergnügen allein nicht ausmacht, so ist es doch für unseren Zweck hinlänglich gezeigt zu haben, daß der eigennützige Trieb vermittelst des einen Haupt= bestandtheiles des Gegenstandes seines Strebens mit dem uneigennützigen zusammenhängt.

Ueber

Ueber die

Sitten und den Geschmack der Griechen in Rücksicht auf Freundschaft und Liebe. 1)

Eine Geschichte der Liebe, d. h. eine philosophisch=historische Darstellung der mancherley Modificationen, welche diese Neigung in verschiedenen Zeitaltern, und unter verschiedenen Nationen erhielt, und die Entwickelung der Ursachen, welche dieselbe hervorbrachten, wäre

---

1) Dieser Aufsatz ist ein Fragment einer größern Abhandlung des Verfaßers über die Sokratischen Begriffe von Liebe. Sie gehört zu einer Folge von Abhandlungen, die der Verfasser einer neuen Uebersetzung der Sokratischen Denkwürdigkeiten von Xenophon, an welcher er gegenwärtig arbeitet, in einem eigenen Bande anzuhängen gedenkt. Es war ihm um so angenehmer, den Herausgeber der gegenwärtigen Anthropologischen Beyträge zu der Aufnahme dieses Aufsatzes bereitwillig zu finden, da er dadurch Gelegenheit findet, das Urtheil des Publikums über den Werth der von ihm zu erwartenden Arbeiten vorläufig einzuholen.

wäre ein sehr interessantes Problem, dessen Auflösung
für die Erweiterung des Gebiets der Geschichte des
Menschen, und der Geschichte der Menschheit über=
haupt sehr wichtig werden müßte. Daß diese Nei=
gung, insoferne sie in der Natur des Menschen ge=
gründet ist, sich durch gewisse allgemeine Merkmale,
die nicht von zufälligen Ursachen herzuleiten sind, an=
kündiget, bedarf wohl keines Beweises. Die Ge=
schlechtsliebe äufferte sich auf eben dieselbe Art, und
strebte nach ebendemselben Ziele, bey rohen, wie bey
gebildeten, bey ältern, wie bey neuern Völkerschaf=
ten. Aber, wie verschieden waren doch die Begriffe,
die auf diese Neigung einen Einfluß hatten, zu ver=
schiedenen Zeiten und unter verschiedenen Nationen?
wie verschiedene Nüanzen nahm diese Neigung nicht
nach Maßgabe der Verschiedenheit des Klimas, der
Denkart, der Cultur und anderer zufälliger Umstände
an? Ein Bewohner von Taheiti, der seinem braun=
gelben Mädchen eine Liebeserklärung macht; ein Grie=
che in Gesellschaft seines Ganymeds, oder unter sei=
nen Hetären; ein Asiat in seinem Harem unter seinen
Circassierinnen; ein irrender Ritter aus den Zeiten der
Chevalerie; ein tändelnder Franzose aus dem Zeital=
ter des jüngern Crebillon, ein Cavaliere servente
unter den neuern Italiänern, und unsere Werthers
und Siegwarts thränenreichen Andenkens — welch
ein auffallender Unterschied!

Ein

Eine vollständige Entwickelung der Ursachen, woraus sich diese Verschiedenheit in der Art zu lieben befriedigend erklären ließe, würde zugleich eine fortlaufende Gallerie von Gemählden zur Darstellung der Sitten und Charactere der verschiedenen ältern und neuern Nationen des Erdbodens seyn. Ich fühle mich zu schwach, um eine Arbeit, zu der mir Zeit und Kräfte fehlen, und die ihre großen Schwierigkeiten hat, zu übernehmen, und mache durch die gegenwärtige Abhandlung, welche ein Gemählde der griechischen Sitten in Rücksicht auf Freundschaft und Liebe enthalten soll, auf keine andere Verdienste Ansprüche, als auf das Verdienst, dasjenige, was uns die ältern Schriftsteller über diesen Gegenstand sagen, nochmals nachgelesen, zusammengetragen, und nach solchen Gesichtspunkten geordnet zu haben, wie es nach meinem Gefühle geordnet werden muß, um dadurch eine allgemeine Uebersicht der griechischen Sitten und Denkart, in Rücksicht auf Freundschaft und Liebe, zu erhalten.

Man hat schon vieles über diesen Gegenstand geschrieben, und es war daher unvermeidlich, daß nicht manche Bemerkung, die schon andre gemacht haben, hier hätte wiederholt werden sollen. Die Facta liegen zu jedermanns Einsicht da, und es kömmt nur auf die Fähigkeit an, eine geschickte Auswahl unter denselben zu treffen, und den Leser auf den richtigen Stand-

Standpunct zu versetzen, von welchem er diese Facta in ihrem wahren Lichte erblicken soll.

Ehe wir zu der Betrachtung der griechischen Sitten übergehen, erlaube man mir vorher einige allgemeine Bemerkungen.

Das Wort **Liebe** ist für den Thelematologen und Geschichtschreiber des menschlichen Herzens eben so wichtig, als für den schönen Geist und erotischen Dichter. Diese Neigung hat, so wie jeder andere pathologische Zustand der menschlichen Seele, ihren Grund in unserer Organisation, und muß zuletzt auf den einem jedem Thiere eigenthümlichen **Geschlechtstrieb** zurückgeführt werden. Als bloßer Trieb nach Geschlechtslust äußert sich die Liebe bey allen Menschen, die noch auf der untersten Stuffe der Cultur stehen: wiewohl die Vernunft, die ihren unverkennbaren Einfluß auf alles, was menschliche Wesen empfinden, denken und thun, äußert, auch hier schon Ordnung und Uebereinstimmung hervorbringt. Dieser Trieb nach Geschlechtslust bleibt — die Platons mögen sagen was sie wollen — immer die Grundlage der Geschlechtsliebe, so sehr sich auch diese Neigung veredlen und verfeinern, und so viele verwandte Neigungen sie auch in unserm Herzen wecken, und in ihr Interesse ziehen mag. Aber, so wie der gesellschaftliche Zustand der Menschen allen Trieben und Neigungen der Seele einen größern Wirkungskreis anweiset, und ein ganz eigenthümliches Gepräge ze giebt; so bringt er auch in Rücksicht der Liebe ganz neue Erscheinungen hervor; und in eben demselben Verhältnisse, in welchem dieser gesellschaftliche Zustand durch Cultur immer mehr und mehr verfeinert und veredelt wird, muß auch die Art zu lieben edler, feiner und humaner werden. Dem rohen Wilden ist es genug ein Weibchen seiner Art zu finden, um den Anforderungen seiner thierischen Sinnlichkeit Genüge zu leisten. Je höher er sich aus dem Schlamme der Thierheit emporarbeitet, desto sorgfältiger wird seine Wahl, desto feiner sein Geschmack. Nur durch einen successiven Fortschritt steigt der Mensch zu einem immer höhern Grad von Cultur empor. Zuerst muß seine Sinnlichkeit, und zwar vorher die gröberen, dann die feineren Sinne cultivirt werden. Der Mensch wird also vor allen Dingen aufhören an Eichelkost, an Wurzeln und trocknen Fischen Geschmack zu finden, und sich nach bessern Speisen sehnen. Vorher war es ihm genug mit Fellen von Thieren seine Blöße zu decken, und sich vor den Einflüssen der Witterung zu schützen. Er hatte die Kleidung nur in dieser Absicht zuerst erfunden; und eine geraume Zeit hindurch war dieß auch der einzige Zweck, warum er sich derselben bediente. Die Kleidung war gut genug, wenn sie ihn nur vor Kälte und Nässe sicherte. Nach und nach lernte er dieselbe bequemer; und bald darauf auch so einrichten, daß sie dem Auge gefallen sollte. Die erste wilde Schöne, welche den Einfall

J 2

hat-

-hatte, eine Muschel oder eine Koralle um den Hals zu tragen, eine Feder in ihr Haar zu stecken, oder ihr braunes Gesicht zu färben, hatte auch die erste Idee von Schönheit.²) Welcher Wilde hätte nun eine solche gepuzte Schöne nicht lieber zur Königinn seines Herzens gewählt? Aber man mußte frühzeitig bemerken, daß dieser Puz, den wahrscheinlich die Schönen am Berge Caucasus, eben so schnell, wie die Schönen zu Paris, London oder Wien, einander nachmachten, nicht einer jeden gleich gut stünde; und was war natürlicher, als den Grund dieser Ver-

schie-

---

2) Ich weiß wohl, daß die Begriffe von Reiz und Schönheit nicht zu verwechseln sind; weil jener es mit dem Gefühlvermögen, diese mit dem Verstande und der Urtheilskraft zu thun hat. Unstreitig waren auch die Menschen für das Reizende eher empfänglich, als für das Schöne. Aber ohne Zweifel leitete sie das Gefühl des Reizenden, auf den Begriff des Schönen, der lange klar genug dem Blicke ihres Geistes vorschwebte, ehe es speculative Köpfe gab, die diesen abstracten Begriff durch Worte festzuhalten wagten. Auch fließt das Schöne und Reizende in der Natur so sehr in einander, daß es unmöglich ist, die Gränzlinie zu bestimmen, wo das gegenseitige Gebiet des einen und des andern aufhört. Man kann also — ohne sich einer Verwirrung der Begriffe schuldig zu machen — annehmen, daß die erste Schöne, das Gefühl für das Reizende hatte, und dieses Gefühl auch andern durch ihren Puz mitzutheilen suchte, auch einen dunklen Begriff von Schönheit gehabt haben mag.

schiedenheit da, wo er wirklich anzutreffen war, in den Schönen selbst aufzusuchen, und die Bemerkung zu machen, daß d i e s e der Putz besser kleide, weil sie mehr körperliche Reitze besitzt, bey j e n e r aber eben derselbe Putz keine ähnliche Wirkung hervorbringe, weil er den Mangel an natürlichen Reitzen nicht zu ersetzen im Stande ist. Und nun war der erste Schritt zu einer feinern Art zu lieben gethan. Nun nahm nicht blos der sechste Sinn Antheil an dieser schönen Empfindung. Nun mischte sich auch die Phantasie ins Spiel, und so, wie diese sich immer mehr und mehr über das Gewöhnliche erhob, und einen größern Spielraum gewann, erhöhten und verfeinerten sich auch durch unmerkliche Grade die Ideen von Schönheit und Wohlgestalt, und mit ihnen auch die Genüsse der Liebe. Man hat überhaupt bey der Beobachtung der Fortschritte der Menschen zu einer höhern Cultur oft Gelegenheit zu bemerken, daß die Phantasie immer das erste Vermögen des menschlichen Geistes ist, welches sich ausbildet. Aus eben dem Grunde, aus welchem es eher gute Dichter, als gute Redner und Geschichtschreiber gab, äußerte auch die Phantasie so frühzeitig ihren Einfluß auf die Art zu lieben. Je nachdem nun Klima oder andere zufällige Umstände dem Phantasievermögen diese oder jene Richtung gaben, wurde auch die Art zu lieben so oder anders bestimmt. Darum war der Geschmack in der Liebe anders bey den südlichen Asiaten, anders bey den Griechen, anders bey den nördlichen Europäern.

So hätten wir dann zwey Epochen in der Geschichte der Liebe festgesetzt. Die erste, wo Liebe nichts anders als Trieb zur Geschlechtslust war: die zweyte, wo sich zu der Neigung zu dem andern Geschlecht auch das Wohlgefallen an körperlicher Schönheit hinzugesellte. In der ersten Epoche, welche man, wenn man will, die Epoche der Natur nennen kann, gründete sich das Gefühl der Liebe einzig und allein auf ein physisches Bedürfniß. In der zweyten, welche die Epoche der Phantasie genannt werden könnte, fand man eine Schöne noch nicht liebenswürdig, wenn sie zu nichts besserm taugte, als jenes ursprüngliche Bedürfniß der Sinnlichkeit zu befriedigen: man machte noch eine zweyte Foderung an sie; man mußte sie wirklich schön finden, um sie lieben zu können.

Erst sehr spät, und vielleicht nur mit dem Aufkeimen der griechischen Cultur, begann eine dritte Epoche in der Geschichte der Liebe, unstreitig schöner als die beyden vorhergehenden. Man fand, daß manche Schöne, bey allen körperlichen Reitzen, mit welchen sie von der Natur ausgestattet ward, bey aller Fähigkeit das Bedürfniß einer sinnlichen Liebe zu befriedigen, doch nicht immer liebenswürdig war; und es geschah oft, daß sie selbst — wenn man sie auch, getäuscht von dem Zauber, durch welchen es ihr die Sinne und die Phantasie eines Liebhabers eine Zeit lang zu fesseln gelang, in dem ersten süßen Traume der Liebe, für eine Göttin hielt — durch den Mangel an Bildung des Geistes und des Herzens, das Werk ihrer eigenen Entgötterung gar oft beschleunigen half. Was war also natürlicher, als daß das weibliche Geschlecht auf Mittel bedacht seyn mußte, dieses unbeständige, und in seinen Forderungen immer weiter gehende Geschlecht, auf eine sicherere Art, als es ihm bisher, durch die Macht seiner äußern Reitze gelungen war, zu fixiren. Man fand dieses Mittel in einem ausgebildeten Verstand, in einem verfeinerten Geschmack, und in allen jenen liebenswürdigen Talenten, wodurch es den Aspasien und Danaen in dem goldenen Zeitalter Griechenlands gelang, die Perikles und Cyrus in ihren Fesseln zu erhalten. Allein der Eigensinn der Männer, war auch damit noch nicht zufrieden. Diese Aspasien und Danaen waren gewissermaßen ein Gemeingut, worauf jeder Mann, auch ohne eben auf Liebenswürdigkeit Ansprüche machen zu können, ein Recht zu haben glaubte. Die Männer von feinerer und edlerer Denkungsart waren aber mit einer solchen Gemeinschaft der Güter übel zufrieden. Ein jeder von ihnen wollte ein ausschließendes Recht auf den Besitz eines so kostbaren Schatzes haben. Und wohl dem weiblichen Geschlecht, daß den Männern diese Laune kam. Keine hat zu ihrer Bildung und Veredlung soviel beyge-

tra-

tragen, als diese einzige. Sie legte zuerst einen Werth auf weibliche Tugend, und äußerte dadurch ihren wohlthätigen Einfluß auf die moralische Bildung des weiblichen Geschlechts. Man kann mit Grunde behaupten, daß die reineren Begriffe der Moral, welche das Christenthum verbreitete, auch zur Beförderung dieser Absicht auf eine unverkennbare Weise mitgewirkt haben: und man mag manche Sitten und Gebräuche aus den Zeiten der Chevalerie noch so lächerlich finden, so muß man doch gestehen, daß dieses Zeitalter, durch die Hochachtung, welche es den Damen — obgleich in dem schwerfälligen Tone einer steifen Galanterie — erwies, und durch den Werth, welchen es auf weibliche Tugend legte, manche Schöne veranlaßte, durch eine sittlich gute Aufführung jene Hochachtung auch wirklich zu verdienen, und mit aller Sorgfalt über einem Kleinod zu wachen, das in den Augen ihres Ritters ihren schönsten und edelsten Reiz ausmachte. [3])

Will

---

3) Man könnte gegen diese Behauptung erinnern, daß gerade in den ersten Jahrhunderten nach der Entstehung des Christenthums, und in dem darauf folgenden Mittelalter der Verfall der Sitten am größten, und beynahe kein Laster so herrschend war, als das Laster der Unkeuschheit. Auch kann man in einem ganz neuerlich erschienenen Werke (Gynäologie Berlin 1795. 8. im II. Bd.) worinnen ein schreckliches Gemählde von der Ausartung des Geschlechts-
trie-

Will man mit dieser Veränderung der Denkungsart, für welche freylich kein chronologisch bestimmter Zeitpunct festgesetzt werden kann, eine neue Epoche in der Geschichte der Liebe festsetzen, so kann man sie das goldene Zeitalter der Liebe nennen. Zu einem schönern Ziele konnte sich das menschliche Herz unmöglich emporarbeiten. Die Liebe zu einem Weibe, das mit den Reizen einer Liebesgöttinn einen richtigen Verstand und

ein

triebes unter den verschiedenen Völkern älterer und neuerer Zeiten, aufgestellt wird, lesen, wie äußerst verdorben die Sitten des Mittelalters, besonders aber der Ritter gewesen sind. Allein, wenn gleich das Christenthum in diesen Zeiten der allgemeinen Verfinsterung, auf den moralischen Character seiner Bekenner nicht den wohlthätigen Einfluß äußerte, welchen es, seiner Natur nach, hätte äußern können, und in den ersten zwey Jahrhunderten auch wirklich geäußert hat: so bewahrte es doch die Menschheit vor dem gänzlichen Verluste alles moralischen Gefühls, und die Schuld, daß dasselbe nicht mehr wirken konnte, lag gewiß nicht an ihm, sondern in einem traurigen Zusammenfluß von mancherley Umständen, welche diesen tiefen Verfall der Menschheit nach sich zogen. Auch ist es nicht zu läugnen, daß die Sitten der meisten Ritter des mittlern Zeitalters äußerst verdorben waren: aber dennoch war es dieser Orden, und das durch denselben rege gemachte point d'honneur, welches in Verbindung mit dem Christenthume den kleineren Funken von moralischem Gefühl, der noch in den Herzen einer ausgearteten Menschenbrut zurückgeblieben war, vor dem gänzlichen Erlöschen bewahrte.

ein vortrefliches Herz in sich vereinigt, ist dann nicht blos thierische Lust, nicht Wohlgefallen an einer schönen Bildsäule, nicht Geschmack an feinem Umgange, sondern die schönste aller menschlichen Neigungen, die sich nur auf persönliche Hochachtung und auf die zärtlichsten Gefühle, einer, zwar nie ganz uneigennützigen, aber doch sehr veredelten Freundschaft gründet.

Diese allgemeine Züge mögen hinlänglich seyn, um die verschiedenen Veränderungen, welche die zunehmende Cultur unter den Menschen in der Art zu lieben hervorgebracht hat, im Allgemeinen zu characterisiren. Wir kommen nun auf die Griechen, und auf die Begriffe, welche wir uns von der ihnen eigenthümlichen Art zu lieben, machen müssen.

Es ist zu vermuthen, daß ein Volk, welches sich durch seinen Nationalcharacter, seine Cultur, seine Sprache, seine Religion, seine Sitten, seine politischen Grundsätze, und den Gang seiner Begebenheiten vor allen Völkern des Erdbodens in so mancherley Hinsicht auszeichnete, auch bey der Bildung seiner Grundsätze in Rücksicht auf Freundschaft und Liebe, seinen eigenen Weg eingeschlagen haben mag. Und da die Geschichte der Griechen überhaupt, und die Geschichte des Zustandes ihrer Sitten insbesondere, nicht nur für den eigentlichen Geschichtsforscher, sondern auch für einen jeden, der den Gang, welchen die sittliche Cultur auf unserm Planeten genommen hat,

hat, beobachten will, soviel Interesse hat: so scheint
es wohl der Mühe werth zu seyn, auch diesem klei‍
nen Zweig der Geschichte der griechischen Sitten, der
die Grundsätze und das Verhalten dieses merkwürdi‍
gen Volkes in Rücksicht auf Freundschaft und Liebe
betrift, einige Aufmerksamkeit zu schenken.

Man hat vorlängst die Bemerkung gemacht,
daß die Neigungen und Leidenschaften der Menschen
einen desto höhern Grad von Heftigkeit haben, je nie‍
driger die Stuffe der geistigen und sittlichen Cultur ist,
auf welcher sie sich eben befinden. Rohe und unge‍
bildete Menschen begehren und verabscheuen mit un‍
gleich größerer Heftigkeit; ihre Liebe und ihr Haß
sind beyde gleich ungestüm und gränzenlos. Wenn
sie daher ihre Entwürfe und Plane aus Mangel an
Klugheit auch nicht immer glücklich ausführen, so
gehen sie doch an die Ausführung derselben mit un‍
gleich größerer Energie, als der gebildetere Mensch,
der bey einem geringern Aufwand physischer Kräfte
sich langsam und bedächtig seinem Ziele nähert. Da
das Fortrücken in der Cultur nichts anders, als die
successive Entwicklung der Vernunft ist, und an Cul‍
tur zunehmen, nichts anders heißen kann, als der Ver‍
nunft einen immer größern Einfluß auf unsere Hand‍
lungsweise verschaffen: [4] so begreift man leicht,

war‍

---

[4] Aus diesem Begriffe scheint zu folgen, daß jeder Fort‍
schritt zur Cultur, ein Fortschritt zu einem höhern
Gra‍

warum die Gewalt der Leidenschaften in dem Grade abnehmen muß, in welchem die Cultur weitere Fortschritte gewinnt. Große Leidenschaften und heftige Neigungen sind also das Merkmal eines geringern Grades von geistiger und sittlicher Cultur, und so wie sich diese immer mehr und mehr verbreitet, erschlaffen auch jene, und kehren in die Gränzen der Klugheit und der Vernunft zurück. Jene große Beyspiele von Seelenstärke, von Freundschaft, von Vaterlandsliebe und großmüthiger Verachtung des Todes, deren jede edlere Nation einige aufzuweisen hat, rühren größtentheils aus einem Zeitalter her, in welchem sich diese Nationen noch auf einer verhältnißmäßig geringeren Stuffe der Cultur befanden.

Die Beyspiele von Freundschaft, die uns die älteste Geschichte der Griechen aufbehalten hat, kommen uns, um mit Herder zu sprechen, wie ein

Ro=

Grade moralischer Vollkommenheit seyn müsse: ein Satz, dem alle Erfahrung laut widerspricht. Aber wenn auch Cultur gewöhnlich nichts anders als Verfeinerung der Sinnlichkeit ist, so rührt doch dieses Raffinement, welches die Cultur in unsere Genüsse bringt, unstreitig von dem größern Einfluße der Vernunft auf unsere Sinnlichkeit her. Nur muß man die Thätigkeit der Vernunft, wenn sie im Dienste der Sinnlichkeit steht, sehr wohl von ihrer Thätigkeit, wenn sie frey und durch sich selbst handelt, und die Triebe der Sinnlichkeit ihren Gesetzen gemäß ordnet, zu unterscheiden wissen.

Roman aus einem fremden Planeten vor. Wenn die Sitten ganzer Nationen den Eigensinn eines Achilles zu brechen, und ihn aus seiner stolzen Unthätigkeit herauszureissen nicht im Stande sind: so erfüllt die Nachricht von dem Tode seines geliebten Patroklus seine Seele plötzlich mit Rache, und nur der Verlust eines Freundes ist im Stande in der Seele des ehrgeitzigen Mannes das Andenken an erhaltene Beleidigungen auszulöschen, und ihn zu dem schrecklichen Entschlusse zu bringen, Tausende von Feinden, — nicht dem Interesse seiner Verbündeten — nein, dem Schatten seines erschlagenen Freundes hinzuopfern. Nur diese unbegränzte Liebe des Achilles zu seinem Freunde Patroklus war es, welche ihm einen Platz in den elisäischen Feldern erwarb [5]).

Die berühmten Beyspiele von Freundschaft zwischen Orestes und Pylades, Theseus und Pirithous sind zu bekannt, als daß ich ihre Geschichte hier wiederholen sollte. Auch findet man sie nicht bey den Griechen allein, sondern auch bey andern ungebildeten Nationen, wenn sie gleich keine Homere hatten, die ihren Ruhm der Nachwelt verkündiget hätten. Selbst bey dem ungebildetesten aller nordischen Völker, bey den Kamtschadalen, fand man ehemals

Bey=

---

5) Platons Gastmahl. K. VII. d. Wolf. Ausg.

Beyspiele von Freundschaftsbündnissen, wiewohl auch diese das Gepräge der äußersten Rohheit dieses elenden Volkes an sich trugen ⁶).

Der allgemeinste Grund dieser Erscheinung liegt wohl in dem schon oben angeführten Umstande einer grössern Heftigkeit aller Leidenschaften, und der daraus entstehenden grössern Energie im Handeln bey einem geringern Grade von Cultur. Dieser letztere Umstand, und der durch keine weise Gesetzgebung noch geordnete Zustand der bürgerlichen Gesellschaften in einem Zeitalter, wo nur das Recht des Stärkern galt, wo wandernde Nationen sich erst Wohnplätze erkämpfen, und Leben und Eigenthum gegen wilde Thiere und Räuber schützen mußten, wo persönliche Tapferkeit so nothwendig war, und jedermann einen Freund und Gefährten nöthig hatte, der entweder seine Siege und seine Unsterblichkeit mit ihm theilen, oder, wenn er erschlagen wurde, seinen Tod rächen sollte: machten diese Freundschaftsbündnisse, diese Heldenleidenschaften großer Seelen, durch welche allein große Absichten und Endzwecke erreicht werden konnten, in einem hohen Grade nothwendig. Man sah sie unter ähnlichen Umständen in den Zeiten der Chevalerie wieder aus der menschlichen Seele emporkeimen, und die Geschichte des Mittelalters giebt

Bey=

---

⁶) Siehe Stellers Beschreibung von Kamtschatka.

Beyspiele von Waffenbrüdern (frères ou compagnons d'armes) deren Freundschaftsbündniße eben so stark und unerschütterlich waren, als die Freundschaftsbündniße der Oreste und Pylades [7])

Die=

---

7) Si la politique favoit habilement mettre en oeuvre et l'amour de gloire ; et celui des Dames pour entretenir des fentimens d' honneur et de bravoure dans l'Ordre des Chevaliers, elle favoit auffi que le lien d amitié, fi utile à tous les hommes étoit neceffaire, pour unir tant de héros, entre lesquels une double rivalité pouvoit devenir une fource de divifions préjudiciables à l' interêt commun. Cet inconvenient trop fatal fouvent aux états avoit été prévenu par les fociétés, ou fraternités d'armes. — — L' eftime ou la confiance mutuelle donnoit la naiffance à ces engagemens. Des Chevaliers, qui s'étoient fouvent trouvés aux mêmes expeditions, concevoient l'un pour l'autre cette inclination, dont un coeur vertueux ne manque guère d'être prévenu, quand il trouve des vertus femblables aux fiennes. Dans le defir de fortifier des liens fi naturels, ils s'affocioient par quelque haute entreprife, qui devoit avoir un terme fixe, ou même pour toutes celles, qu'ils pourroient jamais faire ; ils fe juroient d'en partager également les travaux et la gloire; les dangers et le profit, et de ne fe point abandonner, tant qu'ils auroient befoin l'un de l'autre. — — L'exemple le plus propre à faire fentir l' utilité de ces affociations eft celui du brave Guefelin, et de Louis de Sancerre, freres d'armes et compagnons inféparables ; ils travailloient long-tems à reprendre une partie confiderable de la Guienne fur les Anglois : par une telle union, ils donnerent en

même

Diese schöne Richtung, welche der menschliche Geist schon bey dem ersten Emporkeimen seiner Cultur genommen hatte, brachte den verschiedenen Völkern, besonders aber den Griechen eigenthümlichen Geschmack für Männerumgang und Männerfreundschaft bey.

Das Gefühl für Freyheit, das die Griechen von ihrer Festsetzung in Griechenland an, bis auf den Augenblick, wo sie durch den Despotismus der Römer ihre Nationalexistenz, und mit dieser auch ihren Nationalgeist verlohren, beseelte, und welches auf ihre Religion, ihre Gesetzgebung, ihre politischen Verfassungen und ihre Sitten, einen so auffallenden Einfluß äußerte: die frühe Bildung ihres Geschmacks und der daraus entstandene, fast bis zum Wahnsinn gehende Enthusiasmus für alles Schöne, gab dieser Neigung für Männerfreundschaften einen ganz eigenthümlichen Character.

Man

---

même tems aux grands Capitaines le modèle le plus parfait, et meritèrent l'éternelle reconnoissance des peuples dout ils furent les liberateurs. *Memoires sur l'ancienne Chevalerie par Mr. de la Curne de St. Palaye* in den *Memoires de l' Academie des Inscriptions*. Tom. XX. p. 655. u. flg. Diese vortrefflichen Abhandlungen über das alte Ritterwesen sind auch einzeln abgedruckt; nur scheint der Verf. mit einer kleinen Vorliebe pour le bon tems vieux geschrieben zu haben.

Man weiß, wie eifersüchtig die Griechen auf ihre politische Freyheit waren, und wie es ihnen nur dieser republicanische Sinn möglich machte, ihre Existenz gegen die ungeheuren Heere persischer Söldlinge zu behaupten. Aber wie vortrefflich paßten nicht zu dieser rühmlichen Denkungsart jene von ihren Ahnen ererbten höheren Begriffe von Freundschaft, und wie vieles mußte nicht ihr unaufhörliches Streben nach Unabhängigkeit zu der Fortdauer einer Neigung beytragen, welche der Nothwendigkeit jene Unabhängigkeit durch engere Bündnisse zwischen tapfern und freyheitsliebenden Männern, gegen die Anmaßungen herrschsüchtiger Nachbarn, oder übermüthiger Despoten zu behaupten, so gut zu Statten kam.

So vermischten sich diese in den Bedürfnissen der frühesten Zeitalter gegründeten, und durch den Freyheitssinn der Griechen immer fortgenährten Begriffe von Männerfreundschaft nach und nach mit den Grundsätzen der Politik. Schon die ältesten Gesetzgeber Griechenlands fanden diese Neigung für ihre Absichten brauchbar, und suchten auf der einen Seite ihrem Mißbrauch, auf der andern ihrem gänzlichen Erlöschen durch ausdrückliche Gesetze und Verordnungen zuvorzukommen.

Lykurg fand diese Sitte bey den Lacedämoniern, und hütete sich wohl dieselbe abzuschaffen. Wenn irgend ein rechtlicher Mann, einen Jüngling wegen seiner Talente liebgewann, sich denselben zum Freun-

de machen und seines Umgangs genießen wollte, so
billigte er eine solche tugendhafte Neigung, als das
vorzüglichste Mittel junge Leute zu bilden.⁸) Man
ahndete es daher in Sparta, wenn tugendhafte Män=
ner gar keinen Geliebten hatten, weil sie dadurch die
Gelegenheit verabsäumten, junge Seelen zur Tugend
zu bilden.⁹) Auch Solon bestättigte durch seine
Gesetzgebung eine Sitte, welche schon vor ihm allge=
mein verbreitet war. Er verbot aber die Männerliebe
den Sclaven, weil es gegen das Interesse der Politik
gewesen wäre, in den Seelen dieser Menschen den
Enthusiasmus für Freyheit zu entflammen. ¹⁰) Da

auch

---

8) Xenophon von der Republ. d. Laced. S. 678.
d. Leuncl. Ausg.

9) Aelians vermischte Erzähl. XIII., 10.

10) Plutarch. im Solon. Cap. I. S. 315. Reisk.
Ausg. Plutarch scheint die Nachsicht, welche Solon
mit dieser vaterländischen Sitte hatte, tadeln zu
wollen, und glaubt, die Verordnungen, welche die=
ser Gesetzgeber hierüber machte, trügen das Gepräge
seiner eigenen Temperamentsschwäche, welche ihn
unfähig gemacht haben soll, mit der Liebe, als ein
tapfrer Kämpfer, in der Nähe zu streiten. Daher
habe er auch die Männerliebe für so etwas erhabe=
nes gehalten, daß er sie den Sclaven verbot. Aber
Plutarch selbst gesteht am a. O. XXII. S. 360.
und XV. S. 344. „Solon habe seine Gesetze mehr
„nach den Umständen, als die Umstände nach den Ge=
„setzen einrichten müssen: wo er schon etwas gutes
„fand, habe er nichts verbessert, und kein neues Ge=
„setz

auch die Kreter die Männerliebe für einen sehr mächtigen Antrieb zur Tapferkeit hielten,[11]) und der Meinung waren, daß ein kalter, frostiger Krieger unmöglich einem

"setz gemacht, damit der Staat, bey einer gänzlichen "Umschmelzung seiner Verfassung nicht zu schwach "würde, um sich zu einer vollkommenen Harmonie zu "erheben? — Und dies ist auch wahrscheinlich der Grund, warum Solon die Männerliebe nicht abschafte, sondern ihr nur soviel, als möglich die beste Richtung zu geben suchte. — Wo ist übrigens der Gesetzgeber, dessen eigenthümliche und individuelle Denkart auf den Geist seiner Gesetzgebung keinen Einfluß gehabt hätte?

11) Aelians Erzähl. III. 9. Ερωντι κνδρι τις εκ ερων οπλοις, επειγεσης της μαχης, και συναγοντος τυ πολεμυ, υκ αν συμμιξειεν. Ο γαρ αγεραςος φευγει και αποδιδρασκει τον ερωτικον, ατε βεβηλος και ατελεςος τω θεω, και τοσυτον ανδρειος, οσον αυτω και η ψυχη χωρει, καιτο σωμα ρωμης εχει. Δεδοικε δε τον ετερον, ατε εκ θευ κατοχως ενδουσιωντα, και υ μα Δια, τυτο το κοινον, εξ Αρεος αλλ'εξ Ερωτος μηνεντα. — — — Οἱ δ'ερωτος βακχοι πολεμυντες, και υπο της Αρεος ορμης, και υπο της Ερωτος εγκαυσεως, διπλην την λατρειαν υπομενοντες εγκοτως, κατα την Κρητων εννοιαν, και κατορθουσι διπλα. Siehe auch die unten anzuführende Stelle Platons von den Gesetzen.

einem von Liebe und Freundschaft beseelten Helden widerstehen könne, so ist es wahrscheinlich, daß diese Männerfreundschaften schon durch die Gesetzgebung des Minos, nach welcher alle griechischen Gesetzgeber die ihrigen bildeten, sanctionirt gewesen seyn mögen.

Die Absicht der griechischen Gesetzgeber wurde durch dieses Mittel vollkommen erreicht. Lange blieben diese tugendhaften Heldenfreundschaften eine mächtige Schutzwehre der griechischen Freyheit. Auch war es zu erwarten, daß Verbindungen dieser Art die Triebfeder mancher großen und schönen That unter den Griechen seyn würden. „Es ist eben kein Vor=
„theil für Tyrannen, sagt Platon,[12]) wenn ihre
„Untergebenen von großen und erhabenen Gesinnun=
„gen beseelt, und durch feste Bündnisse der Freund=
„schaft unter einander verbunden werden. Die Ty=
„rannen Athens haben dieß zu ihrem eigenen Scha=
„den erfahren. Denn nur die unerschütterliche Freund=
„schaft, welche zwischen Harmodius und Ari=
„stogiton Statt fand, machte ihrer Herrschaft
„ein Ende.[13])

Mit

---

12) Gastmahl. IX., 9.

13) Die Geschichte, auf welche hier Platon anspielt, ist folgende. Harmodius, ein angesehener Athener hatte eine Schwester, die als eine freygebohrne
Grie=

Mit welchem Enthusiasmus kämpfte nicht jene heilige thebanische Cohorte, die Pelopidas ge=

Griechin ein Recht hatte, bey den Panatbenäen die geheiligten Körbe Minervens, in welchen man die Erstlinge der Früchte dieser Schutzgöttin Athens opferte, zu tragen. Hipparchus, entweder der Sohn des Pisistratus, oder doch einer von den Pisistratiden, wollte die Schwester des Harmodius von dieser Ehre ausschliessen: eine Beschimpfung, die nur denjenigen Mädchen widerfuhr, welche ihre jungfräuliche Unschuld verlohren hatten. Harmodius, um diesen Schimpf zu rächen, brachte mit Hülfe seines Freundes Aristogiton den Hipparchus um; dies scheint der erste Schritt gewesen zu seyn, welchen man sich zu Athen gegen die Pisistratische Tyranney erlaubte. — Allein Perizonius beschuldigt in seinen Anmerkungen zum Aelian XI. 8., wo diese Geschichte erzählt wird, den Platon einer historischen Unrichtigkeit. In der angeführten Stelle des Gastmahls sagt Plato, Harmodius und Aristogiton hätten die Tyranney der Pisistratiden aufgehoben, und im Hipparchus erzählt er, daß die Tyranney der Pisistratiden erst nach dieser That des Harmodius und Aristogiton auſkam. Auch Thucydides (de bello Polop. VI., 5. 4.) erwähnt da, wo er von der Aufhebung der Tyranney der Pisistratiden spricht, nicht dieser beyden Freunde, sondern schreibt diese Ehre den Lacedämoniern zu. Aber wer ist im Stande den Zeitpunct, wo die Tyranney zuerst ihre geheimen Plane anlegt, so genau zu bestimmen? Sie lauscht lange im Finstern, eh' sie ihr Haupt emporzuheben wagt. Wenn also auch die Tyranney der schlauen Pisistratiden zu der Zeit, als Harmodius den Schimpf, welchen seine Schwester erlitten hatte, an Hipparchus

gegen die Spartaner anführte, und welche nach dem Zeugniß der ältern Schriftsteller, aus lauter Liebhabern und Geliebten bestand? Mit welchem Muthe giengen diese Helden nicht in der Schlacht bey Chäronea ihrem gemeinschaftlichen Tode entgegen? An der Seite seines Geliebten zu fechten, ihn zum Zeugen und Lobredner seiner Tapferkeit zu haben; dieß war ein Gedanke, der dem Unentschlossensten Muth gab: und vor den Augen seines Freundes in Dienste für das Vaterland zu sterben, galt für den glänzendsten Sieg. Selbst Philipp, der Ueberwinder dieser Cohorte, mußte gestehen, daß nur die reinste und edelste Freundschaft die Seele zu solchen Entschlüssen zu begeistern im Stande sey.[14])

Se-

---

chus rächte, den Athenern noch nicht fühlbar war, konnten die Plane dazu doch schon angelegt seyn, und Harmodius mag gerade durch diese That die Athener zuerst auf die Fesseln aufmerksam gemacht haben, welche man ihnen anzulegen im Begriffe war. Wenn sich übrigens Platon in einer von diesen beyden Stellen eines Anachronismus schuldig gemacht hat, so ist es eher im Hipparchus geschehen; denn es sollte mich Wunder nehmen, wie man zu Athen, den beyden Freunden den Nahmen τυραννοκτόνοι beylegen, und nach dem Zeugniß des Athenäus (Deipnosoph. XV., 15.) feyerliche Lieder zu ihrem Ruhme hätte absingen können, wenn sie keinen unmittelbareren Antheil an der Aufhebung der Pisistratischen Tyranney gehabt hätten.

14) Siehe hierüber die Anmerkungen verschiedener Gelehrten zu Aelians Erzähl. III., 9. in der Ausgabe

Gesinnungen dieser Art konnten also nur in freyen gegen jede Unterdrückung sich empörenden Seelen entstehen. Sie mußten aber auch ihrer Natur nach auf diesen edlen, alles belebenden Freyheitssinn zurückwirken, ihn anfachen und nähren. Daher bemerkt schon Platon[15]), daß dieser Geschmack an Männerumgang und Männerfreundschaften nur in freyen Staaten gedeihe, und daß man daher in Jonien, und andern Provinzen, welche unter dem Joch der persischen Barbaren seufzten, diese Neigung als schändlich verdamme.

So wie nun diese männliche Freundschaften unter den Griechen durch ihre Liebe zur Freyheit, und durch den Geist ihrer Gesetzgebungen zum Range einer politischen Tugend erhoben wurden: so gab ihnen auch auf der andern Seite die außerordentliche Zartheit des Gefühls, — wodurch der Geschmack der Griechen so frühzeitig gebildet, und jene enthusiastische Liebe für alles Schöne in ihren Seelen erweckt und genähret wurde — einen ganz eigenthümlichen Character. Wir lieben einen Freund, an dem wir große Vollkommenheiten bemerken, auch ohne eben auf seine äußere Bildung Rücksicht zu nehmen: aber

---

gabe von Abrah. Gronov. Man sehe auch Plutarchs Pelopid. S. 361.

15) Gastmahl. IX., 9.

unstreitig wird diese Liebe zu ihm desto stärker, wenn sich das Wohlgefallen an körperlicher Schönheit noch hinzugesellt, und der edle Bau seiner Glieder, die regelmäßigen Züge seines Gesichts, und der schöne männliche Anstand seines Körpers uns seine innere Vollkommenheiten gleichsam anschaulich machen. Wenn unsere Liebe und Hochachtung zu ihm auch ohne körperliche Vorzüge fortdauern soll: müssen wir ihn wenigstens sprechen hören, oder handeln sehen; und dazu findet sich nicht immer Gelegenheit. Verbindet er aber mit einer schönen Seele auch einen schönen Körper, so bedarf es nur eines einzigen Blicks, um unsre Liebe und Hochachtung für ihn immer wieder anzufachen und zu vermehren.

Wenden wir diese Erfahrung auf die Griechen an, so begreifen wir leicht, warum körperliche Schönheit auf die Wahl ihrer Freunde und Geliebten einen so großen Einfluß hatten. Es war ein Grundsatz, der mit ihrer ganzen Art zu denken und zu empfinden aufs innigste verwebt war — daß in einem schönen Leib auch eine schöne Seele wohne. Sie suchten daher auch die größten Talente und Tugenden in schönen Körpern, und schmeichelten sich auch dieselben wirklich zu finden. Die Erziehung, welche die griechischen Jünglinge genoßen, und die Mühe, welche sich die Meister in den gymnastischen Künsten zusammt den Philosophen gaben, die schönsten unter denselben aufzusuchen, und sie zu bilden,

mach=

machte, daß diese schöne Idee sehr oft durch die Er=
fahrung realisirt wurde.

Dieses Wohlgefallen an Schönheit wurde durch
den immerwährenden Anblick der schönsten lebenden
Formen, an welchen kaum Ein Land so reich, als
Griechenland war, schon frühzeitig geweckt, und durch
das schnelle Emporkeimen der bildenden Künste, wel=
che diese schönen Formen verewigten, immer unterhal=
ten. Wie wäre es auch möglich gewesen, daß ein
Volk, welches die personificirte Schönheit unter der
Zahl seiner Göttinnen verehrte, das an keinen seiner
Götter und Helden denken konnte, ohne sich dabey
an eine in ihrer Art vollkommene Schönheit zu erin=
nern, dessen Tempel und öffentliche Oerter, eben so
viele Gallerien der ausgesuchtesten Denkmale der Kunst=
waren — einer Kunst, die bey einem mit dem
feinsten Sinne für Schönheit begabten Volke alles
nur ins Schöne arbeitete: wie wäre es, sage ich,
möglich gewesen, daß ein Volk unter solchen Umstän=
den seine Liebe für Schönheit nicht bis zum höchsten
Enthusiasmus hätte treiben sollen? Aber unstreitig
fand dieser Geschmack der Griechen nirgends mehr
Nahrung, als in den Gymnasien derselben. Diese
Gymnasien waren öffentliche Institute, wo nicht nur
die schönsten griechischen Jünglinge, sondern auch er=
wachsene Männer, und in Sparta sogar die Mäd=
chen sich ganz unbekleidet in allen Künsten der Gym=
nastik übten, und dem lüsternen Auge die schönsten

K 5　　　　　　　Rei=

Reize eines männlichen Körpers enthüllten. Hier war es, wo die griechischen Jünglinge einander kennen lernten, und die Cimon, Epaminondas und Sokrates sich ihre Lieblinge aussuchten. Hier war es, wo man sich die künftigen Gefährten auf seiner kriegerischen, politischen oder philosophischen Laufbahn wählte, und jene festen Bündnisse der Freundschaft knüpfte, die dem allgemeinen Freyheitssinn der Griechen zur Grundlage dienten. Derjenige wäre sehr zu bedauern, der sich der süßen Schwärmerey, mit welcher man sich in seiner Jugend an einen Freund hängt, nicht mehr zu erinnern wüßte, oder dem ihr Andenken schon ganz gleichgültig geworden wäre. Aber zu welchem hohen Grade mußte nicht diese Schwärmerey bey einem Volke steigen, dessen Gefühle so zart, dessen Leidenschaften so groß waren, daß wir die schönen Spuren davon noch nach zweytausend Jahren in seinen Schriften und selbst in seiner Sprache wieder finden und bewundern? Was für Verbindungen mußten das nicht gewesen seyn, die unter so starken, so gefühlvollen und thätigen Seelen entstunden, sich auf die ersten Gefühle der Jugend gründeten, und durch das gemeinschaftliche Interesse, welches für die ganze Nation daraus erwuchs, bestättiget wurden. Immerhin mag Platon bey einigen mehr für einen Seher, als für einen philosophischen Kopf gelten: aber unmöglich können doch jene reizenden Bilder, unter welchen er uns die Begriffe der Griechen von Freund-

schaft

ſchaft und Liebe in ſeinem Gaſtmahl anſchaulich zu machen ſucht, ganz aus der Luft gegriffen ſeyn.

Mit ſeinem Zeitalter erhielten dieſe Begriffe eine ganz neue und eigene Wendung. Die griechiſche Cultur war zu ihrer höchſten Reife gediehen, und von dieſem Zeitpunct an ſehen wir Griechenland einem Schickſale entgegen eilen, welches noch kein Syſtem der Geſetzgebung und keine Regierungsform von einem Volke, das die höchſte Stuffe der Cultur erreicht hat, abzuwenden im Stande war. Zunahme der Cultur ſteht mit der Abnahme der phyſiſchen Kräfte einer Nation, und der Energie, mit welcher ſich ſeine Neigungen und Leidenſchaften äußern, in einem geraden Verhältniſſe. Die zunehmende Cultur giebt zwar den Sitten der Menſchen ein feineres Gepräge, aber dieß Gepräge iſt nur oberflächlich, und wird deſto eher abgenutzt, je feiner es war. Mit jeder höhern Stuffe der Cultur, zu welcher ſich ein Volk erhebt, vermehren ſich auch ſeine Bedürfniße. Dieſe Mannigfaltigkeit der Bedürfniße muß auch ſeinen Neigungen eine eben ſo mannigfaltige Richtung geben, ſeine Thätigkeit, die nun auf ſo verſchiedene Gegenſtände vertheilt werden muß, ſchwächen, und jeden großen Gedanken, jedes große Unternehmen, deſſen Ausführung nur durch Concentration aller Kräfte auf einen einzigen Punct möglich iſt, in ſeiner Geburt erſticken. Eine verfeinerte Nation kann zwar große Dichter, Künſtler und Virtuoſen hervorbringen: aber Männer, wie die Miltiades,

Aristides und Epaminondas wahrlich nicht. Große Leidenschaften vertragen sich kaum mit einem sehr hohen Grade von Sittenverfeinerung, wenn sie nicht durch außerordentliche Umstände geweckt werden. Und wenn auch die Spuren davon aus einem frühern Zeitalter in dem Character der Nation zurückbleiben, so wird doch entweder ihr Gegenstand verwechselt, oder sie nehmen dem Grade nach durch unmerkliche Abstuffungen so sehr ab, daß sich endlich die Reste davon zu ihrer ersprünglichen Stärke und Energie, wie ein Schattenriß zu einem vollendeten Gemählde verhalten.

Die Geschichte der Griechen von dem Zeitalter des Perikles an giebt uns häufige Belege zu diesen Bemerkungen. So wie sich der Geschmack der Griechen verfeinerte, und die Künste des Luxus den höchsten Gipfel der Vollkommenheit erreicht hatten, so veranlaßte ein solcher Grad von Cultur eine Menge neuer Bedürfnisse; und das Streben alle diese Bedürfnisse zu befriedigen, mußte nothwendig die Thätigkeit ihrer Seelen, die sonst nur auf einige wenige große Gegenstände gerichtet war, nach und nach schwächen. So lange der Mittelpunct aller ihrer Neigungen und Leidenschaften. F r e y h e i t war, veredelte auch die Natur dieses Gegenstandes die Natur jener Neigungen und Leidenschaften: aber so, wie Ganymede, Hetären, Flötenspielerinnen und Tänzerinnen der Gegenstand dieser Leidenschaften wurden,

ver=

verlohr man jenes erhabene Ziel aller bisherigen Thä=
tigkeit immer mehr und mehr aus den Augen.

Mit der Abnahme jener enthusiastischen Liebe
für Freyheit artete auch der Geschmack dieser Nation
an Männerfreundschaft immer mehr und mehr aus;
und die Philosophrn, die sich vergeblich dem über=
handnehmenden Sittenverderben entgegensetzten, such=
ten dieser Leidenschaft, die nun keinen, oder doch nur
einen sehr schwachen Bezug auf die politische Frey=
heit der Griechen hatte, wenigstens eine andere Rich=
tung zu geben, um, wo möglich, den unnatürlichen
und schrecklichen Folgen ihrer Ausartung einen Damm
zu setzen. So entstund jenes System einer schwärme=
rischen Seelenliebe, welches der platonische So=
krates, oder seine weise Lehrerinn Diotima
mit so reizenden Farben entworfen hat.[16]) Auch die=
se Art der Männerliebe gründete sich auf den Grund=
satz, daß in einem schönen Körper auch eine schöne
Seele wohne. Aber Schönheit des Körpers, sagt der
platonische Sokrates, hat nur dann einen Werth,
wenn sie der Wiederschein einer schönen Seele ist. Sie
ist ein Wink der Natur solche Seelen aufzusuchen,
und sich durch ihre Ausbildung um sie verdient zu ma=
chen. Man darf sich nicht auf einen einzigen Gegen=
stand einer solchen Liebe einlassen, doch muß man mit
der

---

16) Plat. Gastm. C. XXVI—XXX.

der Liebe eines einzigen schönen Körpers anfangen, dann zu mehreren, und endlich zu der Liebe aller schönen Körper übergehen. Von der Betrachtung dieser Schönheiten erhebt sich die Seele zu den Betrachtungen derjenigen, die aus der Harmonie der Gesetze, der Künste und Wissenschaften entspringt, und von diesen schwingt sie sich endlich zu dem Anblick und Genusse des ursprünglichen und wesentlichen Schönen hinauf. „Wenn du dieses einmal erblickst, schließt „die Seherinn Diotima, so wirst du es mehr, als „alle Schätze der Welt, mehr als die höchste irrdi„sche Schönheit deiner Bewunderung werth finden. „Welch eine Seligkeit dieß ursprüngliche und we„sentliche Schöne rein, unvermischt, ohne Farben „und ohne alle sterbliche Hülle in seinem eigenthüm„lichen Glanze zu erblicken! Ist der Zustand eines „Sterblichen, der zum Anschaun und zum Genusse „dieser höchsten Schönheit gelangt ist, nicht zu be„neiden? Wenn sein inneres Auge dieses Urbild „alles Schönen einmal erblickt hat, werden seine „Handlungen nicht aufhören, bloße Schattenbilder „der Tugend zu seyn, da er dem Urquell aller Voll„kommenheit so nahe ist? Alles was er thut, wird „das Gepräge der ächten Tugend an sich haben: er „wird der Liebling der Götter werden, und sein „Lohn wird Unsterblichkeit seyn."

Man sieht leicht ein, daß diese schönen Ideen, bey all dem Anziehenden, welches sie für die Phantasie

tasie haben im Grunde doch nichts mehr und nichts weniger, als eine Art philosophischer Schwärmereyen, wiewohl von der geistigen Art sind, welche bey einem Volke — das zwar die höchste Stuffe der Cultur erstiegen hatte, aber auch mit allen jenen Uebeln behaftet war, die von einem solchen Grade von Sittenverfeinerung unzertrennlich sind — nur armselige Surrogate für jene ältern und weit edleren Begriffe von Freundschaft und Liebe waren. Auch half diese Sublimation der Begriffe sehr wenig, oder gar nichts gegen die Ausartung einer Leidenschaft, die in den bessern Zeiten der griechischen Nation die Triebfeder mancher großen und edlen That gewesen ist. Vergebens würde es ein Schriftsteller, bey aller Vorliebe für eine Nation, welche in so mancher Hinsicht, die einzige ihrer Art war, zu verheelen suchen, daß die Männerliebe unter den Griechen schon in den frühesten Zeitaltern zu einem der unnatürlichsten und verabscheuungswürdigsten Laster Veranlaßung gegeben hat. [17]) Aber freylich griff es erst in den spätern Zeiten,

---

17) Ovid macht den Orpheus zum Urheber der unreinen Knabenliebe, und sagt von ihm Metam. X. 83. u. Flg.

Ille etiam Thracum populis fuit auctor, amorem
In teneros transferre mares, citraque iuventam
Aetatis breve ver, et primos carpere flores.

Wenten, und nur bey dem allgemeinen Sittenverfall unter den Griechen so sehr um sich, daß man aus der

Lie=

Vermuthlich hat die Gleichgültigkeit des Orpheus gegen die Thracischen Schönen, und die blutige Rache, welche sie deshalb an dem Geliebten Eurydicens genommen haben, den Dichter zu dieser Hypothese veranlaßt, von welcher ich keine Spur in andern Schriftstellern antreffe. Man weiß, wie gram die Weiber der Männerliebe sind, und ich erinnere mich im Bayle das Beyspiel eines ähnlichen Hasses der Damen gegen einen Dichter, welcher der Knabenliebe das Wort redete, gelesen zu haben. Wenn inzwischen auch Orpheus nicht der Urheber dieser Sitte war, so gab es doch Beyspiele davon schon in den ältesten Zeiten. Die Liebe des Jupiters zu Ganymed, des Herkules zu Hylas u. m. sind Beweise dafür. Der Schauplatz des verliebten Abentheuers zwischen Jupiter und Ganymed war Kreta, und die Alten beschuldigten die Bewohner dieser Insel des ursprünglichen Geschmacks an unreiner Knabenliebe. Der Athener beym Platon in seinen Büchern von den Gesetzen. 6. 28. folg. Zweybr. Ausg. sagt zu seinem Kretischen Freunde: Και δη και παλαιον νομιμον δοκει τυτο το επιτηδευμα και κατα φυσιν, τας περι τα αφροδισια ηδονας ου μονον ανθρωτων αλλα και θηριων διεφθαρκεναι. και τουτων τας ὑμετερας (d. h. die Kretischen) πολεις πρωτας αν τις αιτιωτο, και όσαι των αλλων μαλιςα άπτονται των γυμνασιων. Και ειτε παιζοντα, ειτε σπουδαζοντα εννοειν δει τα τοιαυτα, εννοητεον ότι τη θηλεια, και τη των αρρενων φυσει εις κοινωνιαν ιουση της γενησεως, ή περι ταυτα ηδονη κατα φυσιν

ἀπο-

Liebe zu einem schönen Knaben eben so wenig als
aus der Liebe zu einem schönen Mädchen ein Geheimniß machte, und sich der erstern eben so wenig als
der letztern schämen zu müssen glaubte. In dem Zeitalter des Aeschines tratt dieses Laster schon mit un-
verschämter Stirne auf. Dieser Redner nennt [18] öffentlich die Männer, welche den Timarch geschändet
haben, und sie wurden deshalb nicht einmal mit
Schande, vielweniger mit Strafe belegt. Kreta, Elis
und Böotien waren wegen der unreinen Knabenliebe
am berüchtigsten. [19] Späterhin verbreitete sich diese

Pest

αποδεδοσθαι δοκει. αρρενων δε προς αρρενας η
θηλειων προς θηλειας, παρα φυσιν. Και των
πρωτων το τολμημα ειναι δι' ακρατειαν ηδονης.
παντες δε δη Κρητων τον περι τον Γανυμηδη
μυθον κατηγορουμεν, ως λογοποιησαντων τουτων,
επειδη παρα Διος αυτοις οι νομοι πεπιστευμενοι
ησαν γεγονεναι, τουτον τον μυθον προστεθεικεναι
κατα του Διος, ινα επομενοι δη τω θεω καρ-
πωνται και ταυτην την ηδονην. Man sieht aus
dem Schluße dieser Stelle Platons, welchen Terenz bey seinem: & ego homuncio non faciam?
im Sinne gehabt zu haben scheint, wie meisterhaft
dieser Philosoph die anthropopathischen Begriffe der
griechischen Götterlehre zu erklären weiß.

18) Aeschin. geg. den Timarch. S. 183. Reisk.
19) Xenoph. v. d. Laced. Rep. S. 678. Leunkl. Ausg.

Pest auch über Athen und sogar über Sparta: wiewohl schon zu den Zeiten Lykurgs Spuren davon unter den Lacedämoniern müssen vorhanden gewesen seyn, weil dieser Gesetzgeber alle Schärfe der Gesetze zu Hülfe nehmen mußte, um die weitere Ansteckung zu verhüten.

Platon [20]) und Cicero [21]) suchen den Grund dieser unnatürlichen Leidenschaft in den Gymnasien der Griechen auf, wo freylich ausgeartete Wollüstlinge Nahrung genug für eine die Natur entehrende Neigung fanden. Aber ich glaube, dieser Grund erklärt dieß auffallende Phänomen nicht befriedigend genug. Wenn man über die Möglichkeit nachdenkt, wie die schönste und edelste Neigung des menschlichen Herzens diese falsche Richtung erhalten konnte: so wird man sich vor allen Dingen der Frage nicht erwehren können: **woher es kam, daß man an der Liebe zum weiblichen Geschlecht, und an dem**

---

20) Plat. von den Gesetz a. a. O.

21) *Cic. Quæst. Tusc. IV.* 33. Quis est enim iste amor amicitiae? Cur neque deformem adolescentem quisquam amat, neque formosum senem? (Diese Instanz gegen die Männerliebe ist allerdings von Gewicht) *mihi quidem haec in Graecorum gymnasiis nata consuetudo videtur:* in quibus isti liberi et concessi sunt amores. Bene ergo Ennius:

Flagitii principium est nudare inter Civis corpora.

dem Umgange mit demselben in Griechenland so wenig Geschmack fand?

Da die Griechen so schwärmerische Verehrer alles Schönen waren, so sollte man vermuthen, daß es dem griechischen Frauenzimmer an dieser Eigenschaft gefehlt haben müße: weil ihre Reize nicht im Stande waren, die Männer von einer solchen strafbaren Abweichung von den Gesetzen der Natur zurückzuführen. Aber diese Vermuthung wird durch das einstimmige Zeugniß der Geschichte widerlegt, und das Gegentheil darinn ist so leicht zu erweisen, daß man sich um so weniger geneigt findet, den Griechen diese Ausartung zu verzeihen. Wo hätten auch die Polygnete, die Praxiteles und Znuxis die Ideale zu den unsterblichen Meisterstücken ihrer Kunst hergenommen, wenn das griechische Frauenzimmer nicht zu den schönsten seines Geschlechts gehört hätte? Mangel an Schönheit war also nicht die Ursache dieser auffallenden Gleichgültigkeit gegen die schönere Hälfte des Menschengeschlechts. Die folgende Betrachtung wird lehren, daß dieselbe in dem Geiste der griechischen Nation gegründet war.

Wenn man unsre Sitten in Rücksicht des Umgangs mit dem weiblichen Geschlecht, mit den Sitten der Griechen, und das Verhältniß, welches zwischen beyden Geschlechtern unter den neuern europäischen Völkern eingeführt ist, mit dem Verhältniß, welches ehedem bey den Griechen Statt fand, vergleichet: so ergiebt sich in dieser Rücksicht, zwischen unsrer und der Griechischen Denkart ein höchst auffallender Unterschied. Das weibliche Geschlecht genießt in unsern Zeiten eines weit höheren Grades von öffentlicher Achtung, und hat unter den neuern cultivirten Völkern einen weit größern Einfluß auf das gesellschaftliche Leben, und besonders auf die Sitten und den Character des männlichen Geschlechts, als bey irgend einem Volke des Alterthums.

Es ist keine uninteressante Beschäftigung, über die Ursachen, welche einen solchen — von unsern Sitten ganz abweichenden Zustand des weiblichen Geschlechts in Griechenland hervorbrachten, nachzudenken, und eine Antwort auf die Frage zu suchen: woher es kam, daß das weibliche Geschlecht unter den Griechen nicht den Grad von Achtung genoß, dessen man eine so geistreiche und für weibliche Schönheit gewiß nicht unempfängliche Nation fähig halten sollte?[22]) Ich habe mir diese Frage, zu deren Entschei-

---

22) Ich hatte diesen Aufsatz beynahe ganz zu Ende gebracht, als ich in der Berlin. Monatschrift, Jul. und Aug. 1795. eine vortreffliche Abhandlung des Hrn. F. Schlegels, über die Diotima in Platons Gastmahle las. Herr Schlegel hat bey dieser Gelegenheit seine Meinung über den Zustand des weiblichen Geschlechts in Griechenland, und über den Grad von geistiger Bildung, zu welchem dasselbe

dung sich nicht hinlängliche Data in den alten Schriftstellern finden, folgendermaßen zu beantworten gesucht.

Die Geschichte beynahe aller [23]) ungebildeten
Völkerschaften führt auf die Bemerkung, daß die
Achtung gegen das weibliche Geschlecht um so gerin=
ger ist, je niedriger die Stuffe der Cultur ist, auf
welcher sich ein Volk befindet. Unser Gefühl empört
sich,

---

be gelangt war, geäußert. Er scheint hiebey ganz
von der gewöhnlichen Meinung, daß die Bildung der
griechischen Bürgerinnen im Ganzen genommen sehr
vernachläßigt wurde, abzuweichen. So gerne ich auch
das Urtheil, welches Herr Schlegel über Diotimen
und ihren Character gefällt hat, unterschreibe, so
muß ich doch gestehen, daß mich dasjenige, was er
über die griechischen Frauen, ihre Bildung und die
Achtung, in welcher sie stunden, gesagt hat, nicht
hinlänglich von dem Gegentheile der gewöhnlichen
Meinung überzeugt hat: und es bleibt immer ein
durch unzählige Facta aus der griechischen Geschichte
erweißlicher Satz, daß die Bildung des weiblichen
Geschlechts in Griechenland, im Ganzen genommen,
mit der Bildung des männlichen in keine Parallele ge=
setzt werden darf; ob es gleich mehrere einzelne grie=
chische Frauen gab, welche durch eine glückliche Ver=
einigung von mancherley Umständen, zu einer höhern
Bildung des Geistes als ihre übrigen Mitbürgerin=
nen gelangten.

23) Einige wenige Beyspiele von dem Gegentheil sehe
man in Herrn Meiners Geschichte des
weibl. Geschl. Hannover 1788. 8. Zu diesen
seltnen Ausnahmen gehören auch die Kamtschadalen.
Siehe Georgi's Beschreibung der rus-
ßisch. Völker. p. 341. flgd.

sich, wenn wir lesen, wie grausam die Weiber unter den meisten wilden Nationen behandelt werden.²⁴) Und wenn wir auch annehmen wollen, daß Sitten und Gewohnheit eine Art von Fühllosigkeit bey diesen unglücklichen Personen hervorbringen, so müssen wir doch über die Gedulb erstaunen, mit welcher ein Geschlecht, dem die Natur einen ohnehin beträchtlicheren Theil von Leiden zugemessen hat, sich in diese Behandlungsart zu schicken gelernt hat. Der allgemeinste Grund von dieser so geringen Achtung, welche das weibliche Geschlecht fast bey allen uncultivirten Nationen genießt, liegt wohl in dem vorzüglichen Werthe, welchen solche Nationen der körperlichen Stärke, und der daraus entstehenden persönlichen Tapferkeit beylegen. Körperliche Stärke ist beynahe das einzige Mittel sich unter einem ungebildeten Volke Ansehen und Ueberlegenheit zu verschaffen. Der tapferste Mann ist auch der erste im Volke und die Entfernung, in welcher andere in dieser Rücksicht von ihm stehen, bestimmt auch den Grad ihres Ansehens und ihrer Achtung. Nun ist im Ganzen genommen, der schwächste unter den Männern doch immer so stark, oder glaubt es wenigstens zu seyn, als die stärkste und tapferste unter dem weiblichen Geschlecht: ihm

wird

---

24) Meiners a. a. O.

wird also auch ein höherer Werth beigelegt, und eine größere Achtung erwiesen, als dem tapfersten Weibe.

Auch die Griechen legten der persönlichen Tapferkeit in den frühesten Zeitaltern einen außerordentlich und beynahe ausschließenden Werth bey: und nur das Verdienst der physischen Stärke gab den meisten ihrer Heroen Unsterblichkeit. Die Art, wie sich die Griechen, besonders aber die Herakliden in Peloponnes, und in dem übrigen Griechenland niederließen, machte nicht nur diese persönliche Tapferkeit, sondern auch jene Heldenfreundschaften unter ihnen nothwendig. Die immerwährenden Kriege, welche sie führten, brachten die Ideen von dem vorzüglichen Werthe physischer Stärke unter ihnen immer mehr und mehr in Umlauf; machten den Umgang mit ihren Gefährten auf einer so gefahrvollen Laufbahn immer anziehender; und wenn diese Helden auch, nach einer schweren und glücklich vollzogenen Unternehmung sich in ihren Zelten mit ihren Briseiden zuweilen ein wenig gütlich thaten, so waren doch diese kleinen Zwischenspiele von so kurzer Dauer, und gewährten ihrem kriegerischen Geiste so wenige Nahrung, daß es dem weiblichen Geschlecht nicht leicht möglich war, diesen unternehmenden und unruhigen Seelen Geschmack für die stillen Freuden des häuslichen Lebens abzugewinnen. Man weiß daß die griechischen Helden, eben so vollkommene Muster der männlichen, als die griechi-

L 4 schen

schen Frauenzimmer der weiblichen Schönheit waren. Das stäte Beysammenseyn dieser Helden bey kriegerischen Unternehmungen und auf der Jagd, ihre gemeinschaftlichen gymnastischen Uebungen, die öftere Abwesenheit von ihren Weibern, und vor allen Dingen der den Griechen angeborne Sinn für Schönheit mußte ihrem gegenseitigen Umgange noch ein anderes Interesse geben, als dasjenige war, welches sich auf die bloße politische Nothwendigkeit, und auf die Gefühle einer von körperlichen Vollkommenheiten unabhängigen Freundschaft gründete. So bildete sich endlich jene für das weibliche Geschlecht so entehrende Idee, daß man die Weiber, selbst als Werkzeuge des sinnlichen Vergnügens ziemlich entbehren könnte, wenn die eigensinnige Natur die Nothwendigkeit ihrer Existenz mit der Möglichkeit der Fortpflanzung des menschlichen Geschlechts nicht so unzertrennlich verknüpft hätte.

Daß der geringere Grad von Achtung, welcher das weibliche Geschlecht in Griechenland genoß, von diesem hohen Werthe, den man in den ältesten Zeiten der persönlichen Tapferkeit beylegte, herzuleiten sey, beweißt unter andern auch folgendes. Unter allen griechischen Frauen stunden keine in einem höheren Grade öffentlicher Achtung, als die Spartanerinnen. Der Grund dieser Abweichung der Spartischen Sitten von den Sitten der übrigen Griechen, besonders der Griechen Jonischen Ursprungs, ist unstreitig

in

in den Gesetzen Lykurgs aufzusuchen. Diese Gesetze
dehnten die öffentliche Erziehung, welche die Sparti=
sche Jugend genoß, und die gymnastischen Uebungen,
die einen großen Theil derselben ausmachten, auch
auf die Mädchen aus. Dadurch gelangten die Spar=
tischen Frauenzimmer nicht nur zu einem Grade von
Schönheit, der sie in dieser Rücksicht zu den berühm=
testen ihres Geschlechts in ganz Griechenland machte,
sondern ihr Körper erhielt auch dadurch männlichen
Anstand, männliche Festigkeit und Gewandheit, und
Lykurg hatte durch diese Einrichtung glücklicher Weise
in seiner Republik die ursprüngliche Veranlaßung zur
Verachtung des weiblichen Geschlechts aus dem Wege
geräumt, daß er aber durch diese Anstalt zugleich den
ersten Keim des Sittenverderbnißes in Sparta legte,
hat er wohl schwerlich vorausgesehen. In den übri=
gen Freystaaten Griechenlands behielt man die alten
Sitten in Rücksicht des Verhaltens gegen das weibli=
che Geschlecht bey. Die Erziehung beyder Geschlechter
blieb getrennt, und die Entfernung des einen von dem
andern wurde durch ausdrückliche Gesetze sanctionirt.

Als die griechischen Freystaaten in der Folge
mehr innere Consistenz gewannen, Republiken gegen
Republiken den Kampfplatz betratten, und eine künst=
lichere Art Krieg zu führen, die persönliche Tapfer=
keit nicht mehr so nothwendig machte, mithin auch
ihren Werth verringerte; fielen zwar die Hauptursa=
chen jener engeren Verbindungen zwischen einzelnen

Helden hinweg, und es wäre vielleicht dem weiblichen Geschlecht gelungen, seine Reitze wenigstens insoferne bey dem männlichen geltend zu machen, als es nothwendig gewesen wäre, um das letztere von jenen unnatürlichen Ausschweifungen zurückzuführen: wenn nicht dieser republicanische Geist, welcher die Griechen seit ihrer Niederlassung in Griechenland beseelte, die Fortbauer ihres Geschmacks an Männerliebe begünstigt, und dem weiblichen Geschlecht beynahe alle Aufmerksamkeit entzogen hätte. Dieser Geist des Republicanismus und der Unabhängigkeit hatte sich der Griechen in einem so hohen Grade bemächtigt, und ihre Thätigkeit so ganz auf diesen einzigen großen Gegenstand hingeleitet, daß die ganze Macht der weiblichen Reitze in diesem für häusliche Glückseligkeit so unempfänglichen, und nur nach öffentlicher Thätigkeit dürstenden Seelen, nothwendiger Weise verlohren gehen mußte.

Man kann es gewissermassen, als ausgemacht annehmen, daß die Achtung für das weibliche Geschlecht bey einer Nation in dem Maße zunimmt, in welchem dieselbe mehr Geschmack an häuslicher Glückseligkeit gewinnt, und die Ausübung jener sanftern und mildern Tugenden, die zwar nicht glänzend, aber doch von entschiednem Werthe sind, zur Sphäre seiner Thätigkeit macht. Aber dieß war gerade nicht der Fall bey den Griechen. Ihren Begriffen zu Folge gab es keine andere ehrenvolle und eines freygebohr-

nen

nen Griechen würdige Thätigkeit, als öffentliche Geschäfte.[25]) Als Bürger freyer Republiken, sahen sie sich selbst als einen mehr oder minder ansehnlichen Theil des Staates an, und ihre Gesetzgeber hatten ihnen die Ueberzeugung gelassen, daß es von jedem einzelnen abhienge die Summe des allgemeinen Wohls zu vermehren, oder zu vermindern. Es war daher ganz natürlich, daß sie die Verhältnisse, in welchem sie gegen den Staat stunden, für ehrenvoller ansehen, als die Verhältnisse gegen ihre Familien, und daß sie mithin auch auf öffentliche Thätigkeit einen höhern Werth setzten, als auf diejenige, welche durch die engen Gränzen des häuslichen Lebens beschränkt wurde. Es scheint also, als ob die griechischen Gesetzgeber dem Geiste ihrer Nation geflißentlich diese Stimmung hätten geben, und also auch absichtlich die Neigung und den Geschmack für die Ruhe des häuslichen Lebens hätten unterdrücken wollen.

Allein diese Richtung, welche der Geist der griechischen Gesetzgebungen der Denkungsart der Nation gab, führte offenbahr zu falschen und einseitigen Begriffen von der Bestimmung des einen und des andern Geschlechts. Die griechischen Gesetze scheinen den falschen Grundsatz vorauszusetzen, als ob der Mensch

um

---

25) Xenoph. von der Haushalt. S. 839. Zeunii. Ausg.

um des Staates, und nicht der Staat um des Menschen willen da sey. Daher schränkte sich der Wirkungskreis der griechischen Thätigkeit nur auf solche Geschäfte ein, die auf den Staat irgend einen Bezug hatten. Man machte das Mittel zum Zweck, und vergaß, daß die öffentliche Thätigkeit nur insoferne einen Werth haben könne, inwieferne sie einem jeden einzelnen Individuum seinen Antheil an Privatglückseligkeit zusichert. Diese Verwechslung der Mittel und Zwecke mußte auch auf die Begriffe von der Bestimmung des weiblichen Geschlechts, das ohnehin von allen öffentlichen Geschäften ausgeschlossen war, einen nachtheiligen Einfluß haben. „Du weißt wohl, sagt „Sokrates, daß man nicht heurathet, um des Ver„gnügens der Liebe zu genießen: dazu giebt es an„dere Mittel, die an allen Ecken und Enden der „Stadt anzutreffen sind. Aber wir nehmen bey der „Wahl unserer Gattinnen auf solche Personen Rück„sicht, von denen wir **schöne Kinder** zu erwar„ten haben."[26]) Diese Aeußerung des Sokrates,

welche

---

26) Xenoph. Sokrat. Denkw. II. 2. 4. vgl. I. 4. 14. der Vfaff. der Rede geg. Neära bey p. Athen. XIII. S. 587. τας μεν εταιρας ἡδονης ἑνεκα εχομεν, τας δε παλλακις της καθ ἡμεραν παλλακειας, τας δε γυναικας τη παιδαποιεισθαι γνησιως, και των ενδον φυλακα πιςην εχειν.

welche ein allgemeiner Grundsatz unter den Griechen war, zeigt, wie die Griechen über die **Bestimmung des weiblichen Geschlechts** dachten. Sie schränkten dieselbe blos auf das **Gebähren rechtmäßiger Kinder** ein, und brachten nicht einmal das Vergnügen der Liebe bey ihren Ehen in Anschlag, weil sogar der weise Sokrates die Gewohnheit dasselbe **außer der ehelichen Verbindung zu suchen,** nicht zu mißbilligen scheint. Ein Gesetz Solons, bey dessen Festsetzung ihn sein menschliches Gefühl, nicht so wie bey der Festsetzung der übrigen geleitet zu haben scheint; und vermöge dessen diejenigen, welche von Beyschläferinnen gebohren worden, nicht verbunden waren ihre Väter zu ernähren, ist aus ebendemselben Grundsatze herzuleiten. „Denn wer beym Heurathen, urtheilte So„lon, den Anstand verletzt, der heurathet offenbar „nicht, um Kinder zu zeugen, sondern um „der Wollust zu pflegen: dadurch wird er genug „belohnt, und hat kein Recht sich über die auf sol„che Art erzeugten Kinder zu beschweren, da ihnen „selbst die Geburt zur Schande gereicht."[27]) Auch Lykurg, der freylich selbst das **moralische Gefühl** dem Zwecke des Staates subordinirte, dachte über die Bestimmung des weiblichen Geschlechts nicht

an=

---

27) Plutarch im Solon. C. XXII. S. 361,

anders. „Er ließ nach dem Zeugniße Plu-
„tarchs,²⁸) die Mädchen heurathen, sobald sie
„mannbar waren, und Lust zur Ehe hatten, damit
„ihr Körper stark genug wäre glücklich zu gebäh-
„ren: weil die Absicht ihrer Ehen —
„und mithin auch die Bestimmung des weiblichen
„Geschlechts — doch nur das Kinderzeu-
„gen war." Man sah also die Ehen in Griechenland nur als ein politisches und zwar sehr lästi-
ges Mittel an, um die Existenz des Staates zu ver-
längern. Diese Idee würdigte das weibliche Geschlecht
zu einem blossen Mittel des Staats herab, wies
demselben eine sich ganz darauf beziehende Thätigkeit
an, bestimmte die Art des Verhaltens gegen dasselbe
von Seiten des männlichen Geschlechts, und setzte
die Grundsätze seiner Erziehung fest.

Verbannt in die Dunkelheit des häuslichen Lebens, und in dem innersten Theil der Wohnungen
eingesperrt, waren die Athenischen Weiber von allen
Annehmlichkeiten des gesellschaftlichen Lebens, von
Gastmählern und allem männlichem Umgange ausgeschlossen. Niemand außer ihren Freundinnen und den
nächsten männlichen Anverwandten durfte sie ohne

Bey-

---

28) Ebenders. in sein. Vgleich. des Lyk. mit Numa.
S. 310. vgl. der Vfaff. der Rede geg. die Neär.
bey den Athen. XIII. S. 573.

Beyseyn ihrer Männer sehen und sprechen.[29]) Durch ein ausdrückliches Gesetz Solons war es ihnen untersagt, am Tage auszugehen,[30]) ausgenommen bey Gelegenheit der Feier ihrer, den Männern unumgänglichen Mysterien, und bey öffentlichen Festen und Feierlichkeiten. Des Abends durften sie sich nicht anders, als in einem Wagen, oder unter der Begleitung eines Sclaven mit einer Fackel außer Hause blicken lassen.[31]) Solon nahm zwar den Athenern das grausame Recht, das sie vor ihm gehabt hatten, ihre Töchter und Schwestern zu verkaufen, allein er gestattete doch den Vätern, Brüdern und Vormündern dasselbe wieder, wenn ihre Töchter, Schwestern oder Mündel des Verlustes ihrer jungfräulichen Unschuld überführt werden konnten. Ueberhaupt schienen seine Gesetze vorauszusetzen, daß das weibliche Geschlecht unter einer ewigen Vormundschaft stehen müsse: und wie war es anders möglich, da er diesem Geschlecht selbst alle Möglichkeit benahm, dereinst mündig zu werden, indem er in seinen Gesetzen auch nicht mit Einer Sylbe der Erziehung der Töchter erwähnte? Er nahm den Weibern zwar nicht das Recht

bey

---

29) Xenoph. von der Haushalt. S. 839.
30) Plutarch. im Solon. K. XXIII. S. 361. u. flg.
31) Ebend. a. a. O.

bey den Gesetzen Schutz gegen die Mißhandlungen
ihrer Männer zu suchen. Auch ließ er ihnen bey gül-
tigen Ursachen die Freyheit auf Ehescheidung zu bringen: aber durch die Nothwendigkeit, welche er ihnen
auferlegte, ihre Klagen in eigener Person vor dem
Archon vorzubringen, erschwerte er ihnen diese Freyheit so sehr, daß man einen Schritt dieser Art für
zu schimpflich ansah, als daß man nicht lieber alles
erdulden, als zu demselben seine Zuflucht hätte nehmen sollen. Es half auch der schönen Hipparete sehr
wenig, daß sie in Thränen zerfließend ihren Wüst-
ling Alcibiades vor Gericht verklagte: er nahm sie
unter dem Zujauchzen des Volkes wieder mit sich nach
Hause, und blieb nach wie vor ebenderselbe Tau-
genichts.

Man sieht, wie groß der Einfluß jener falschen
Begriffe von weiblicher Bestimmung auf die Lage dieses Geschlechts in Griechenland, und auf die Festsetzung seiner Verhältnisse zu dem männlichen war. Daß
in einem Zeitalter, wo Helden und Fürstensöhne
schlachteten und brieten, Pferde und Maulesel aus-
und anspannten, Lasten von ihren Wägen nach ihren
Wohnungen trugen, auch ihre Gemahlinnen und Töchter Teppiche webten, oder schmutzige Wäsche wuschen,
und sich mit den gereinigten Kleidern vom Fluße nach
Hause fahren ließen, kann im Grunde als kein Mangel von Delikatesse gegen das weibliche Geschlecht angesehen werden. Daß aber die Griechen selbst in dem

Zeit-

Zeitalter, in welchem sie zu einem höhern Grade von Bildung gelangt waren, das weibliche Geschlecht an den Vortheilen, welche ihnen dieser Umstand gewährte, so wenig Theil nehmen ließen, und auf die Erziehung ihrer Töchter so wenig Rücksicht nahmen, scheint in der That kaum verzeihlich zu seyn. Nach der Verschiedenheit der Stände lernten die Athenischen Mädchen lesen, schreiben, nähen, spinnen, die Wolle zubereiten, und das Hauswesen besorgen: wiewohl man diejenigen Frauen schon für Muster hielt, welche die Hauswirthschaft verstunden. Ueberhaupt waren ihre Beschäftigungen mehr zeitverkürzende, als nützliche Arbeiten. Viele Stunden des Tages nahm ihnen die Anordnung ihres Putzes weg, wozu sie vermuthlich, wie in den morgenländischen Harems, die Langeweile antrieb. Sie heuratheten gewöhnlich sehr jung, und schon im vierzehnten oder fünfzehnten Jahre;[32]) mithin in einem Alter, wo sie erst einiger Bildung fähig wurden. Die Mütter ermahnten zwar ihre Töchter zu einem sittsamen Betragen,[33]) aber doch gieng der Unterricht, welchen sie ihnen ertheilten, mehr auf die Bildung des Körpers, als auf die Bildung des Geistes und Herzens. Viel eifriger

bran=

---

32) Xenoph. von d. Haushalt. S. 836.
33) Ebendaſ. S. 837.

drangen sie daher auf die Nothwendigkeit sich gerade
zu halten, die Schultern zurückzuziehen, den Busen
mit einem breiten Bande zu unterbinden, äußerst mä-
ßig zu seyn, und durch alle mögliche Mittel dem
Fettwerden ³⁴) zuvorzukommen, welches der Zierlich-
keit des Wuchses und der Anmuth der Bewegungen
nachtheilig seyn würde. ³⁵)

Eine

---

34) Verschiedene Physiologen und besonders Camper haben bemerkt, daß das griechische Frauenzimmer, besonders im südlichen Griechenland, auf den Inseln
des Archipelagus und in Kleinasien außerordentlich
zum Fettwerden inclinire. Die fleischigten Theile des
Körpers sind so sehr der Ausdehnung unterworfen,
daß dieser Naturfehler, wie Camper an einem weiblichen Skelet aus der Levante beobachtet hat, sogar
die Knochen anzugreifen pflegt. (S. Camper solu-
tion d'un probleme, proposé par la Societé li-
téraire de Rotterdam p. 84.) In den ältern Zeiten wollte man diese fehlerhafte Organisation dadurch
verbessern, daß man die Mädchen fasten ließ, um
die nothwendige Wirkung der Nahrungssäfte zu vermindern. Ein zu starker Busen war nicht im griechischen Geschmack. Dioskorides (V. 189.) versichert daher, daß man oft zusammenziehende und eisen-
artige Pulver gebrauchen mußte, um der zu großen
Schwellung des Busens zuvorkommen, unterdessen
der Körper unter den Rippen äußerst zusammenge-
preßt wurde.

35 Terenz in seinem Eunuch. Akt. II. S. 3. V. 21.
flg. einem Stücke, das er seinem eigenen Zeugniß in dem
Prolog zu Folge nach einem Stücke Menanders, das
gleichen Nahmen führte, kopirt hat, beschreibt die
Kör-

Eine solche mangelhafte Erziehung, welche das weibliche Geschlecht in den meisten griechischen Freystaaten genoß, mußte demselben nothwendig alle Möglichkeit zu einer bessern Bildung zu gelangen benehmen. Man thut daher den Schönen Griechenlands gar nicht Unrecht, wenn man den Grad der Bildung, zu welchem sie, selbst in den Zeiten der höchsten griechischen Cultur gelangten, im Ganzen genommen, und in Vergleichung mit der Bildung des männlichen Geschlechts, für sehr geringe annimmt. Dieser Mangel an geistiger Bildung hatte trotz der scharfen Ge-

M 2   setze,

---

körperliche Erziehung der griechischen Mädchen folgendermaßen:

Haud similis origo est virginum nostrarum: quas matres student
Demissis humeris esse, *vincto pectore* ut *graciles* fient;
Si, qua est habitior paulo, pugilem esse ajunt, deducunt cibum:
Tametsi bona est natura, reddunt curatura *iunceas*.

Der heilige Hieronymus, ein Mann, dem es meine Leser schwerlich ansehen würden, daß er in Sachen, die körperliche Erziehung des weiblichen Geschlechts in Griechenland betreffend, als Zeuge auftretten sollte, und der seinem eigenen Geständniß zu Folge sogar Hebräisch lernte, um nur den Reitzungen dieses verführerischen Geschlechts zu entgehen, sagte von den griechischen Mädchen: Papillæ fasciolis comprimuntur, & crispanti circulo augustius pectus arctatur: *St. Hieron. de vitand. su pic.*

setze, welche das öffentliche Verhalten des weiblichen Geschlechts bestimmten, einen so nachtheiligen Einfluß auf die sittliche Aufführung der Weiber, daß man z. B. in Athen mehrere Verordnungen.³⁶) ergehen lassen, und eine eigene Weibercensur (γυναικοκοσμος, γυναικονομος) errichten mußte, um den Unordnungen, welche die Weiber von Zeit zu Zeit erregten, Gränzen zu setzen. Ein paar Beyspiele aus dem Herobot ³⁷ beweisen, wie weit die Wuth der griechischen

---

36) Das Gesetz des Philippides, vermöge dessen ein jedes Weib zu Athen, das auf der Gasse Unordnungen erregte, zu einer Geldstrafe von 1000 Drachmen (250 Rthlr.) verurtheilt wurde, beweißt 1) daß das Gesetz, welches die Weiber nöthigte den Tag über zu Hause zu bleiben, in den letztern Zeiten ziemlich viel von seinem Ansehen verlohren haben mag: wenn diese Tumulte, welche das Gesetz des Philippides andeutet, nicht etwa — wie in den Ekklesiazusen des Aristophanes, nächtliche Aufläufe gewesen sind. 2) Daß hauptsächlich angesehene Weiber, mithin solche, die eine gewisse Erziehung genoßen, an diesen Unordnungen Theil nehmen mußten: weil Weiber aus den geringeren Klassen unmöglich eine so große Summe hatten bezahlen können; mithin das Gesetz ganz zwecklos gewesen wäre.

37) In einem Kriege der Athener, gegen die Bewohner von Angina, erlitten die erstern eine so schreckliche Niederlage, daß von dem ganzen Heere nur ein einziger Mann dem Schwerdte der Feinde entrann, und mit der Unglücksbothschaft nach Athen zurückkam. Die Athenischen Weiber geriethen über ihn in eine sol=

schen Weiber gieng; und der Character, den Aristo=
phanes den Athenerinnen in seiner Lysistrata, und be=
sonders in den Ekklesiazusen — der schlimmsten Satyre
auf die Sitten der Attischen Schönen — beylegt, ist
hinlänglich, um uns von dem traurigen Zustand, in
welchem sich die Cultur des weiblichen Geschlechts in
Griechenland befand, zu überzeugen. Denkt man über=
dieß an die Orgien der griechischen Weiber, und an
die zügellosen Ausschweifungen, welche sich dieselben
bey Gelegenheit dieser abscheulichen Mysterien erlaub=
ten, so wird man erstaunen, wie es möglich war,
daß die höchste Sittenverfeinerung, und Ausschwei=

M 3 fun=

---

solche Wuth, daß sie ihn mit Nadelstichen er=
mordeten. Die Regierung zu Athen war, wie Hero=
dot bemerkt, so ohnmächtig, daß sie diese Raserey
nur dadurch bestrafte, daß sie den Weibern von nun
an Jonische Kleider zu tragen befahl, bey welchen
der Gebrauch der Stecknadeln und Agraffen über=
flüßig war. Herodot. Terpsich. 87. In dem persi=
schen Kriege, als das Elend der Athener aufs höch=
ste gestiegen war, that Lycidas, entweder, weil er
es dem Wohl seines Vaterlands für zuträglich hielt,
oder weil er von dem Feldherrn des Xerxes Mardo=
nius bestochen worden war, seinen Mitbürgern den
Vorschlag, Frieden mit diesem furchtbaren Feinde zu
machen. Der Athenische Pöbel steinigte ihn als einen
Verräther; und als die Athenischen Weiber, die sich
unterdessen nach Salamis geflüchtet hatten, das er=
fuhren, stürmten sie daselbst sein Haus, und stei=
nigten sein Weib und seine Kinder. *Idem Cal-
liope*. 4. 5.

fungen dieser Art, vor denen die gröbste Sinnlichkeit erröthen müßte, bey einem und ebendemselben Volke zu gleicher Zeit statt finden konnten.³⁸) Schon Solon mußte einen andern abscheulichen, aus den Morgenländern nach Griechenland versetzten Gebrauch der Weiber, sich bey den Monumenten und Gräbern ihrer Anverwandten den Busen und das Gesicht zu zerfleischen, aufheben, weil diese Zusammenkünfte Veranlassung zu mancherley Ausschweifungen gaben.³⁹) Aber alle Gesetze, welche man in Griechenland gab, um die Ausbrüche eines so wilden Characters zu verhindern, waren vergeblich. Man vernachläßigte das einzige Mittel, das in solchen Fällen hätte helfen können — die Bildung des weiblichen Geschlechts.

Die

---

38) Die Schwelgerey der griechischen Bachanten und Mänaden war nicht ausschließlich das Laster des niedrigern Pöbels. Auch Weiber von einer gewissen Erziehung nahmen an diesen Festen Antheil. Wenn sie sich durch die Amystis, eine ganz eigene Trinkart zur Feier der Bachanalien vorbereitet hatten, dann liefen sie von den äußersten Gränzen des Attischen Gebiets bis zu dem Gipfel des Parnassus, und setzten das ganze Land in Schrecken. Auf dem Gipfel dieses Berges versammleten sie sich zu großen Haufen, so wie die Mänaden aus Lakonien auf dem Taygetes. Die Begeisterung des Weines, der heftige Tanz, das wilde Geschrey, die Nacht, die Nacktheit entflammten ihre Sinne zu einem Grade, der an die schrecklichen und schamlosen Erscheinungen einer förmlichen Nymphanie gränzte.

39) Plut. in Solon. XXIII. p. 351. seq.

Hie und da gelang es wohl manchem griechischen Weibe alle Hindernisse, welche sich ihrer Bildung entgegenstellten, glücklich zu überwinden, und man muß zur Ehre der Griechen bekennen, daß sie solchen Personen dann auch vollkommene Gerechtigkeit wie=derfahren ließen. Aber das Häuflein dieser **gebil=deteren** griechischen Bürgerinnen war sehr klein; und selbst die allgemeine Bewunderung, welche solche Personen erregten, ist ein Beweis, daß sie nur zu den seltneren Ausnahmen gehörten. Die lyrischen Dichte=rinnen, eine Erinna, eine Sapho, eine Korinna, und einige andere, die sich die Bewunderung ihres Zeitalters und der Nachwelt erwarben, waren meist Lesbierinnen, und hatten also ihre Bildung in Klein=asien erhalten, wo das weibliche Geschlecht mehr Um=gang mit dem männlichen hatte, und überhaupt die Verhältniße zwischen beyden Geschlechtern ganz an=ders als im Pelopones und in dem eigentlichen Grie=chenland waren. Von den Pythagorischen Frauen wis=sen wir zu wenig, um uns auf ihr Beyspiel berufen zu können, und die Spartanerinnen genoßen zwar eine männliche Erziehung, aber diese Erziehung er=streckte sich nur auf den Körper und auf eine sehr dürftige moralische Bildung. Künste und Wissenschaf=ten waren den Spartanern fremde, und selbst die Männer machten daselbst keine Ansprüche auf feinere geistige Bildung. Die Künste des Geschmacks und des Luxus sind Kinder des Reichthums und des Ueber=

M 4   flusses

flusses, und diese sollten nach den Grundsätzen Lykurgs auf ewig von dieser kriegerischen Republik entfernt bleiben.

So vereinigten sich dann alle Umstände, um dem weiblichen Geschlecht in Griechenland seine geistige Bildung so sehr als möglich zu erschweren. Wie hätte nun ein geistreicher Grieche, der den ganzen Tag in Gesellschaft von Staatsmännern, Philosophen, Dichtern, und Künstlern, oder in den Gymnasien zubrachte, an dem Umgange mit solchen an Geist und Herzen ganz verwahrloßten Geschöpfen Geschmack finden können? Liebe konnte bey einem geistreichen Volke unmöglich bloß physisches Bedürfniß seyn: aber wie wäre es möglich gewesen, daß das weibliche Geschlecht unter d i e s e n Umständen den Männern jene edlere Leidenschaft, welche sich auf geistige Vorzüge gründet, hätte einflößen sollen? Auch war es diese Leidenschaft nicht, welche die ehelichen Bündniße unter den Griechen stiftete. Convenienzen, ökonomische und politische Rücksichten hatten den meisten Antheil daran. Nicht einmal die Befriedigung des sinnlichsten aller Triebe fand bey ihren Ehen ein Interesse, weil schon Solon die Männer durch ein ausdrückliches Gesetz zwingen mußte, wenigstens dreymal in einem Monate ihre Weiber davon zu überzeugen, daß sie wirklich verheurathet sind. Und doch, heißt es, hatten die Schönen Griechenlands nie Ursache, sich über die allzugroße Pünctlichkeit ihrer Männer in dieser

Rück=

Rücksicht zu beklagen. — Es ist daher nichts auffallendes, daß man unter den Griechen so viele Weiberhasser findet, und daß besonders die Werke ihrer dramatischen Dichter voll bitterer Ausfälle auf das weibliche Geschlecht sind. Spuren davon trift man häufig im Euripides [40]), Aristophanes, und in den Fragmenten Menanders an.

Dies alles zusammengenommen macht es uns begreiflich, wie sich der Geschmack der Griechen an Männerliebe so lange erhalten, und bey der außerordentlichen Lebhaftigkeit ihres Temperaments auf diese Abwege gerathen konnte, ohne daß es dem weiblichen Geschlecht möglich gewesen wäre, demselben eine andre Richtung zu geben. Es wäre inzwischen überflüßig zu erinnern, daß alles dasjenige, was wir bisher über die Begriffe der Griechen von Freundschaft und Liebe, und über das in dieser Rücksicht durch Sitten und Gewohnheiten unter ihnen fest-

ge=

---

[40] Daß es inzwischen dem Euripides mit seinem Weiberhasse nicht so ganz Ernst gewesen seyn mag, beweißt ein artiges Bon mot, das Sophokles über ihn gemacht, und Athenäus (Deipnosoph. XIII. S. 537.) uns aufbewahrt hat. Es sagte Jemand dem Sophokles, Euripides sey ein Weiberfeind. Allerdings, sagte Sophokles, in seinen Trauerspielen, aber nicht in seinem Schlafzimmer. (μισογυνης εστιν ὁ Ευριπιδης εν ταις τραγῳδιαις: επει εν τῃ κλινῃ Φιλογυνης.)

gesetzte Verhältniß zwischen beyden Geschlechtern gesagt haben nur von der Denkungsart der Griechen im Allgemeinen gelte.

Unstreitig herrschte in den verschiedenen Freystaaten Griechenlands eine gemeinschaftliche Nationaldenkart, und eine gewisse allgemeine Form zu empfinden, zu denken, uud zu handeln, die eine Folge ihres Gemeingeistes, ihrer gemeinschaftlichen Feste, ihrer gemeinschaftlichen Gerichtshöfe, und der Nothwendigkeit war, ihre Existenz durch engere Bündnisse, wie zum Beyspiel das Achaische war, gegen den persischen und macedonischen Despotismus zu behaupten. Aber man muß sich sehr hüten gewisse Sitten und Gebräuche, die in einem oder dem andern dieser Freystaaten herrschend waren, für Griechischen Nationalcharakter zu halten. Die meisten uud bestimmtesten Nachrichten über Griechenland betreffen Athen, und man kann leicht verführt werden Attische Sitten und Denkungsart, für allgemeine griechische Nationalsitten und Denkungsart zu halten. Vor allen Dingen muß man bey den Griechischen Sitten einen Unterschied zwischen den Freystaaten Dorischen und den Freystaaten Jonischen Ursprungs machen. Das Haupt unter diesen war Athen, unter jenen Sparta; und man sieht schon aus der Vergleichung dieser beyden Freystaaten, wie wichtig dieser Unterschied sey. In Attika waren die Sitten nicht mehr rein Jonisch, weil Solons Gesetzgebung ziemlich im Dorischen

rischen Geiste abgefaßt ist: wiewohl ihr Einfluß auf den Attischen Nationalcharakter nicht so stark war, daß nicht einige ziemlich auffallende Züge in demselben den Jonischen Ursprung dieses Freystaates verrathen hätten.

Es scheint, als ob das weibliche Geschlecht in denjenigen Staaten, wo dorische Sitten herrschten, einen höhern Grad von Achtung genossen habe, als in denjenigen, welche Jonischer Geist beseelte. Auch die Männerliebe artete daselbst nicht so bald aus, als da, wo Jonische Sitten einheimisch waren; welches das Beyspiel von Sparta und Athen beweißt. In dem letztern behielt man die Jonischen Sitten in Rücksicht der Behandlung des weiblichen Geschlechts völlig bey: und vermuthlich sah der weise Solon voraus, daß keine Gesetzgebung der Nationaldenkart in diesem Punkte mehr eine andre Richtung zu geben im Stande gewesen wäre. Sparta war beynahe der einzige Staat, in welchem das weibliche Geschlecht eine gewisse öffentliche Achtung genoß, und der Grund davon lag, wie wir schon oben bemerket haben, in der gemeinschaftlichen Erziehung, der Spartischen Knaben und Mädchen, wodurch beyde Geschlechter einander näher gebracht wurden, und die grosse Kluft, welche anderwärts zwischen beiden befestiget war, gewissermassen ausgefüllt wurde.

Wie

Wie leicht inzwischen das weibliche Geschlecht in Griechenland jede geistige Bildung angenommen hätte, beweißt unter andern auch das Beyspiel einer gewissen Classe von Frauenzimmern, die uns aus dem schönsten Zeitalter Griechenlands, unter dem Namen der Hetären, oder wie Wieland es übersetzt, der Gesellschafterinnen und Freundinnen bekannt sind. Dies waren keine Personen, welche mit einer gewissen verächtlichen Classe von Frauenzimmern in Parallele gestellt zu werden verdienen. Eine Aspasia, eine Phryne, eine Lais, eine Leäna und eine Danae waren — den Punkt der weiblichen Tugend ausgenommen — nicht nur in Rücksicht ihrer Schönheit, sondern auch in Rücksicht der Bildung ihres Verstandes und ihres Geschmacks die liebenswürdigsten Muster weiblicher Vollkommenheit. Es gab freylich schon in den frühesten Zeiten Griechenlands unglückliche Personen [41]), die mit ihren Gunstbezeugungen Han-
del

---

[41]) Man findet schon in dem Zeitalter Homers das Concubinat eingeführt. Die Beyschläferinnen aus diesem Zeitalter sind unter dem Nahmen der Pallakiden bekannt, und Homer thut ihrer sehr oft Erwähnung. Achill hatte seine Briseis und nachmals die schönwangige Diomede. Patroklus die Iphis, und Agamemnon, Menelaus, Ajax, Phönix und Nestor nebst vielen andern, hatten neben ihren Gemahlinnen noch eine oder mehrere

del trieben: da sie aber nie freygebohrne Griechinnen waren, und gar keine Ansprüche auf geistige Bildung machen konnten, so fiel die allgemeine Verachtung, mit welcher die Griechen dem weiblichen Geschlecht begegneten mit doppeltem Gewicht auf sie zurück. Solon, ein Gesetzgeber, dessen Verordnungen alle das Gepräge der tiefsten Menschenkenntniß an sich tragen, stiftete zu Athen im Keramikus der Venus Pandemos einen Tempel, und kaufte eine Anzahl der schönsten Mädchen, die außer dem Dienste, welchen sie in dem Tempel ihrer Göttinn zu versehen hatten, noch ein andres Gewerbe treiben sollten, welches gewissermassen doch auch zu diesem Dienste gehörte⁴²). Die steigende Cultur verbreitete sich nach und nach auch über diese Classe von Mädchen, und selbst über die Art des Gewerbes, welches sie trieben. Und so

brach-

---

rere Sklavinnen, die mit ihnen das eheliche Bette theilten. Es waren meist Mädchen, die im Kriege zu Gefangenen gemacht, oder sonst erkauft wurden. So kaufte Laertes für zwanzig Rinder seine Sklavinn Euryklea. (Hom. Odyſſ.) Doch findet man selbst im Homer Spuren, daß man einen solchen außerehelichen Umgang mit Weibern für unerlaubt ansah. Besonders wurde dadurch die Eifersucht der rechtmäßigen Weiber gereizt, und aus diesem Grunde nahm auch Laertes seine um zwanzig Rinder erkaufte Euryklea nie mit sich zu Bette.

42) Athen. Deipnoſoph. XIII. p. 569.

brachte endlich das goldne Zeitalter der griechischen Cultur jene liebenswürdige Verführerinnen hervor, deren einige in der Folge über das Schicksal von Griechenland zu entscheiden hatten 43). Da die Religion der Griechen über die Gränzen eines erlaubten Umgangs mit dem weiblichen Geschlecht gar nichts bestimmte, und der Staat von dieser Seite für die Sitten seiner Bürger nichts befürchtete, oder schon zu ohnmächtig war dem Verfall derselben entgegen zu arbeiten: so gelangte diese Classe von Frauenzimmern nach und nach zu einem Ansehen, das mit der Misogynie der Griechen kaum vereinbar zu seyn scheint. Aber man findet solcher Widersprüche mehrere in dem Charakter dieser Nation, die ihre große Männer verbannte, und Buhlerinnen Tempel und Altäre weihte 44); einem Sokrates den Giftbecher darreichte, und von einer Aspasia Gesetze annahm.

Die

---

43) Man weiß, was A s p a s i a über den Perikles, T h a i s über Alexander den Großen, und die vergötterte L a m i a über den König Ptolemäus I. und über den schönen Demetrius vermochten.

44) L a m i a die Buhlerinn und Geliebte des Prinzen Demetrius erhielt nach ihrem Tode zu Athen einen Tempel unter dem Nahmen V e n u s L a m i a, und ihre ehemaligen Liebhaber wurden ihre Vergötterer. Auf Befehl dieses macedonischen Prinzen mußten ihr die Athener bey ihren Lebzeiten 250 Talente (337,500 Rthlr.) Nadelgeld bezahlen. Plut. im Demetr.

Die Religion der Griechen und ihre Gesetze nahmen die Hetären in Schutz. Die Göttin der Schönheit und der Liebe hatte in Griechenland ihre Altäre. Die Hetären stunden unter ihrer unmittelbaren Aufsicht, und das Gewerbe, welches sie trieben, war der Dienst, den sie ihrer Göttinn leisteten. Wenn dem Staate irgend eine Gefahr drohte, so wandte man sich an diese Priesterinnen der Liebesgöttin, und legte ihren Fürbitten die Kraft bey, die drohende Gefahr von dem Staate abzuwenden. Zu Korinth, der Wiege der verfeinerten Sinnlichkeit schrieb man die Siege des Miltiades und Themistokles über den Xerxes den Hymnen zu, welche die Hetären ihrer Göttin sangen, und verewigte ihr Andenken, wie zu Athen das Andenken der Helden, die bey Marathon fielen, durch öffentliche Denkmäler. Dieser Glaube der Griechen an die Macht der Göttin der Liebe war ganz natürlich. Denn von welcher andern höheren Macht hätte der phantasiereiche Grieche mehr Unterstützung erwarten können, als von der Herzenslenkerin Aphrodite, die alle Wesen beherrschte, der Götter und Menschen huldigten, die mit Waffenschmiedenden Vulkan vermählt war, und mit dem Gott des Krieges verstohlne Liebe pflog. Ein Theil von der Verehrung, welche man dieser Göttin erwies, fiel natürlicher Weise auch auf ihre Priesterinnen zurück, deren Schönheit der Abdruck und das Nachbild jener idealischen Schönheit war, unter welcher man sich die

Liebes=

Liebesgöttin phantasierte. Als Phryne an dem Feste des Neptuns sich zu Eleusis vor den Augen des ganzen Griechenlands in dem saronischen Meerbusen badete, und ohne eine andere Hülle, als ihr schönes aufgelößtes Haar ans Ufer stieg, rief das entzückte Griechenland: Seht Anadyomene steigt aus dem Meere! dieser ekstatische Ausruf veranlaßte die zwey größten Künstler Athens Apelles und Praxiteles⁴⁵) diesen in seiner Art ganz

---

45) Wenn Praxiteles an irgend einem seiner Werke con amore gearbeitet hat, so war es diese Venus. Er liebte Phrynen, und diese berühmte Schönheit scheint — vielleicht aus Eitelkeit, vielleicht aber auch aus Geschmack — nicht unempfindlich gegen diese Liebe gewesen zu seyn. Dieß schließe ich aus der schönen Inschrift, welche Praxiteles unter den berühmten Liebesgott — seinem eigenen Geständniß zu Folge, das größte Meisterstück seiner Kunst — setzen ließ. Er hatte ihn Phrynen geschenkt: nachmahls aber würde dieses Kunstwerk in dem Theater zu Athen öffentlich aufgestellt. Die Inschrift, welche uns Athenäus (Deipnosoph. XIII. p. 591.) aufbehalten hat, lautete folgendermaßen:

Πραξιτελης, ον επασχε, διηκριβωσεν
Ερωτα,
Εξ ιδιης ελκων αρχετυπον κραδιης.
Φρυνη μισθον εμοιο διδους εμε, Φιλτρα δε
βαλλω
Ουκετ' οϊστευων, αλλ' ατενιζομενος.

ganz einzigen Anblick dazu zu benutzen, um nach diesem Muster die Geburt der Venus zu mahlen, und
in

Es ist schwer dieses schöne Epigramm richtig zu übersetzen. Die größte Schwierigkeit macht das Wortspiel mit Ερως, welches im Deutschen nicht, wie im Griechischen und im Lateinischen die Liebe und den Liebesgott zugleich bedeutet. Doch glaube ich den Sinn desselben in folgender Uebersetzung nicht verfehlt zu haben:

 Nach dem Urbild, das er aus seinem Herzen
    genommen,
  Schuf Praxiteles mich, den er so innig
    gefühlt:
 Schenkte mich Phrynen zum Lohn der Liebe;
    von nun an verwunden
  Nicht meine Pfeile das Herz; sondern mein
    treffender Blick.

Ich habe diese Inschrift nach dem Athenäus abdrucken lassen, nur daß ich statt Φρυνη – Φρυνη lesen zu müssen glaubte. Hr. v. Brunk hat sie in seinen Analekten (Th. I. S. 443.) unter die Fragmente des Simonides, mit einigen veränderten Lesarten einrücken lassen, die aber, meinem Gefühle nach, den Lesarten des Athenäus um so weniger vorzuziehen sind, da sie den Sinn dieses schönen Epigramms völlig entstellen. Daß statt Φρυνη – Φρυνη gelesen werden müsse, hat Hr v. Brunk richtig gefühlt: aber wie er anstatt Φιλτρα βαλλω, Φιλτρα τικτω, und statt οἰστευων, τοξευων lesen konnte, begreife ich in der That

N   nicht

in Stein zu hauen. Die Venus des Praxiteles wurde

---

nicht. Die Innschrift schließt mit den Gedanken:
Von nun an wirke ich Liebe, nicht
(οἰστεύων) durch meine Pfeile; sondern
(ἀτενιζομενος) durch meinen Blick.
Φιλτρον heißt überhaupt alles, was Liebe hervorbringt, auch die Liebe selbst, und βαλλω steht
offenbar in Bezug auf das bald darauf folgende
οἰστεύων: das dafür gesetzte τικτω ist daher ganz
abgeschmackt. Daß diese Inschrift den Dichter
Simonides nicht zum Verfasser haben konnte,
beweißt der chronologische Grund, den Hr. v.
Brunk angeführt hat, hinlänglich. Warum aber
derselbe zweifelt, daß Praxiteles der Verfasser dieses Epigramms sey, davon hat er keinen
Grund angeführt. Mir scheint vielmehr diese artige Kleinigkeit so ganz aus dem Herzen des Künst-
lers geschrieben zu seyn, daß ich keinen Anstand
nehme, ihn für den Verfasser derselben zu halten.
Wahrscheinlich gehörte es in Griechenland, so wie
bey uns, auch zu den Talenten eines artigen
Mannes, kleine Gedichte machen zu können; und
der Liebhaber einer Phryne muß doch ein artiger
Mann gewesen seyn. Einem Praxiteles kann man
aber um so weniger das Talent zur Dichtkunst ab-
sprechen, da die Kunst, mit welcher er sich beschäftigte, mit der Poeste so nahe verwandt war,
und die griechischen Künstler überhaupt nur die
schönen Ideen ausführten, die sie in den Dichtern
antraffen. — Viel wichtiger ist diese Inschrift
für

de im Tempel dieſer Göttin zu Knidus aufgeſtellt. Wer Luſt hat, mag die Wirkungen, welche ihr

---

für die Geſchichte des Kunſtwerks ſelbſt. Sie beweißt nähmlich — was die Sagacität des Hrn. v. Brunk nicht ausgeſpürt hat, — daß dieſer Amor des Praxiteles nicht mit den gewöhnlichen Attributen, Pfeilen und Bogen, auch nicht mit verbundenen Augen abgebildet war: ſondern daß die Wirkung, die ſich der Künſtler von ihm verſprach, hauptſächlich in dem Blicke lag, den er ihm zu geben mußte; denn es heißt: von nun an wirke ich Liebe, nicht durch Bogen und Pfeil, ſondern durch meinen Blick. Dies hat auch Herr Herder überſehen. Er hat daher den Sinn dieſes Epigramms in ſeiner Uiberſetzung (Zerſtr. Blätter. II. Th. S. 34.) ebenfalls verfehlt, und überdies einige ganz fremde Gedanken in dieſelbe hineingetragen, wodurch die trefliche Kürze des Originals verlohren gieng, ohne daß die Uiberſetzung dadurch etwas an Schönheit gewann. Um meinen Leſern das Nachſchlagen zu erſparen, ſetze ich ſie hieher:

Als Praxiteles einſt auch unter die Liebe der
Nacken
Beugt'; erſchuf er von ihr ſeiner Empfindungen Bild,
Dieſen Amor. Er nahm aus ſeinem Herzen die
Züge,
Und gab Phrynen ihn hin; gab ihr zum
Lohne den Gott.

ihr Anblick verurſachte in Lucians Liebesgöttern [45]) nachleſen.

Die=

Dafür lohnte ſie ihn mit neuen Flammen: die Liebe
Kennt kein ſchöners Geſchenk, keines als Liebe ſelbſt.

Sonderbar iſt es, daß ein ſchöner Geiſt, und ein ſcharfſinniger Gelehrter und Kenner der Alten, beyde den Sinn dieſer ſo ſchönen Inſchrift verfehlt haben. — Ich glaube meinen Leſern mit Recht ſo viel Intereſſe für Kunſt zutrauen zu dürfen, daß ich mich nicht genöthigt fühle, ſie, wegen dieſer langen Anmerkung, die ſo weit auſſer dem Plane gegenwärtiger Beyträge, aber nicht auſſer dem Zwecke dieſer hiſtoriſch=anthropologiſchen Abhandlung zu liegen ſcheint, um Vergebung zu bitten.

45) Luc. Werke b. Hemſt. Ausg. Th. II. S. 414. folg. Phryne ſelbſt erhielt nach dem Zeugniß des Athenäus (Deipnoſ. XIII. S. 591.) eine prächtige Bildſäule, welche zu Delphi zwiſchen den Bildſäulen der beyden Könige Ageſilaus und Philippus aufgeſtellt wurde, mit der Unterſchrift: ΦΡΤΝΗ ΕΠΙΚΛΕΟΤΣ ΘΕΣΠΙΚΗ, die Dalechamp fälſchlich durch *Phryne Thespienſis illuſtris* überſetzt. Επικλεους iſt die zweyte Endung eines eigenen Nahmens Επικλης, und die Unterſchrift muß heißen: *Phryne Epiclis filia, Thespienſis.* Der Nahme Epikles findet ſich auch

bey

Diese öffentliche Frauenspersonen, welche wohl nie eigentliche griechische Bürgerinnen [46]) waren, blieben zwar, vermuthlich aus diesem Grunde, und nicht aus einem Vorurtheil gegen die Art ihres Gewerbes, von den öffentlichen Festen und andern Vorrechten der griechischen Frauen ausgeschlossen: aber dieß befreyte sie auch von dem Zwange, welchen die Gesetze den griechischen Bürgerinnen auferlegten; sie hatten also Gelegenheit genug sich durch männlichen Umgang zu dem zu bilden, was sie in dem Zeitalter der höchsten griechischen Verfeinerung wirklich wurden. Die Aspasien erhoben endlich diese Art der Beschäftigungen, welche die Hetären trieben, zu dem Range einer schönen Kunst, und stifteten förmliche Schulen, wo jüngere Schönen, welche die Natur mit vorzüglicheren Talenten ausgerüstet hatte, zu allen Künsten der Verführung unterrichtet wurden.

---

bey dem Thucydides, Plutarch und selbst bey dem Athenäus B. XII. K. 9. S. 537. Wir lernen aus dieser Inschrift für die Geschichte Phrynens wenigstens so viel, daß ihr Vater Epikles hieß, und daß sie eine Thespierin war.

46) Man wollte Aspasien deswegen den Prozeß machen, weil sie es wagte, freygebohrne Mädchen in der Hetärenkunst zu unterrichten. Plutarch. im Perikl. K. XXXII. S. 684.

Schönheit und Reitz der Jugend, Tanz, Musik, ein
geschmackvoller Anzug, ein gebildeter Verstand, der
feinste Geschmack, eine schwärmerische Liebhaberey
für schöne Künste und Wissenschaften, die Gewalt der
Sprache und der Empfindung, und besonders eine
gewisse Heiterkeit des Geistes, die alles um sich her
zur Fröhlichkeit stimmte, und ihrem Umgang die un=
nachahmlichsten Reitze gab: dieß alles vereinigte sich,
um diesen Personen eine Celebrität zu verschaffen,
welche selbst einen Sokrates vergessen machte, wie
wenig sich dieser Stand, und das demselben eigen=
thümliche Gewerbe mit den reineren Begriffen von
Sittlichkeit vertrug. Man sah die Häuser der Hetä=
ren, als Schulen der Humanität, und sie selbst für
die besten Lehrerinnen an, welche die letzte Hand an
die Erziehung der griechischen Jünglinge und Mädchen
legen sollten. In ihrem Umgange entschädigten sich die
Griechen für den ehelichen Zwang; für sie sparten
die griechischen Jünglinge ihre Zärtlichkeit; in ihrer
Gesellschaft erholten sich die Staatsmänner, die Hel=
den und Philosophen von den Geschäften des Tages.
Eine Thräne in Phrynens schönem Auge, und der
Anblick ihres noch schönern Busens entwafnete die
Strenge der Gesetze: und Demosthenes, die Geißel
der Tyrannen, war in diesem Punkte so schwach, daß
ein einziger schöner Blick, dasjenige zu widerlegen im
Stande war, was ihm das Nachdenken eines ganzen

Jah=

Jahres gekostet hatte.⁴⁷) Sokrates und Perikles der größte Redner seiner Zeit, hatten die Kunst des Vortrags von Aspasien gelernt. Die Hetären waren die Richterinnen des guten Geschmacks, und die Philosophen, Redner, Dichter und Künstler Griechenlands hielten ihre Werke nur dann für vollendet, wenn sie den Beyfall dieser Kennerinnen erhalten hatten. Es gab viele unter ihnen, die sehr viel Geschmack an wissenschaftlichen Beschäftigungen fanden. Leontium war die Schülerinn und Geliebte Epikurs. Nach einer in den Armen der Liebe zugebrachten Nacht, philosophirte sie am Morgen über die Natur der Wollust. Und wer hätte auch über das Empirische eines solchen Gegenstandes mit mehr Sachkenntniß räsonniren können, als sie? Sie verstand die Kunst Glückseligkeit zu geben, zu genießen und zu analysiren. Wer weiß, wie viel Antheil sie an dem System Epikurs, und an den Gründen, womit er dasselbe unterstützte, auf eine indirecte Weise genommen haben mag? Wenigstens ist es sehr wahrscheinlich, daß sie zu der subjectiven Ueberzeugung Epikurs von der Wahrheit seines Systems vieles beygetragen hat. „Liebe, sagt Zimmermann, macht in ihren „glücklichsten Augenblicken zu glücklich, um nicht

---

47) Athen. XIII. S. 593.

„ warme Köpfe zu bereden, sinnliches Vergnügen
„ sey auf Erden das höchste Gut." — Nikarete
theilte ihre Stunden zwischen Mathematik und Liebe,
und die Auflösung eines geometrischen Problems galt
bey ihr für eine bessere Empfehlung, als eine Börse
voll Gold. Die schöne **Hipparchia** war so sehr
für die Cynische Philosophie eingenommen, daß sie
sich — aus einem kleinen Uebermaaß von Eifer für
den Satz der cynischen Schule: **daß nichts na-
türliches schändlich sey** — keinen Ehrbar-
keitsscrupel darüber machte, ihr Beylager mit Kretes in der großen Halle (Stoa) zu Athen, vor
den Augen des gesammten Attischen Publikums, zu
feiern.[48])

Ist es dann ein Wunder, daß der jovialische
Grieche, von der Neuheit eines Genußes, den er in
dem Umgang und in den Armen dieser Grazien fand,
um so unwiderstehlicher hingerissen wurde; da er denselben in dem Umgange mit den, freylich ehrbareren und
freygebohrnen, aber geistlos erzogenen Griechinnen
vergebens suchte. Und nur in der Neigung zu solchen
Personen muß man dasjenige suchen, was Liebe
zu dem weiblichen Geschlecht in Griechenland

---

48) Es war eben derselbe Kretes, der die Bildsäule
Phrynens zu Delphi „das ewige Denkmal griechischer
Ueppigkeit" nannte. Wie sonderbar!

land genannt zu werden verdient. Man würde sich
übrigens sehr irren, wenn man glauben wollte, daß
die Griechischen Hetären, bey der Austheilung ihrer
Gunstbezeugungen immer nur ihren Eigennutz, und
nie ihren Geschmack, oder ihr Herz zu Rathe gezogen
haben. Wenn dieß auch nicht die Ueberreste der schönsten griechischen Lieder, welche die zärtlichsten Klagen
über die Unerbittlichkeit mancher von diesen Schönen
enthalten, und deren Geist die römischen Dichter zum
Theil in ihre Nachahmungen übertragen haben, zur
Genüge bewiesen: so wäre es doch von Personen
vorauszusetzen, bey welchen ein so hoher Grad von
geistiger Bildung statt fand, und die von den edelsten Griechen so sehr gesucht wurden, daß sie gewiß
nie Ursache mögen gehabt haben, sich über die Ein-
geschränktheit ihrer Wahl zu beklagen. Ebendieselbe
Lais, welche dem Demosthenes eine so ungeheure
Summe für die Gunstbezeugungen einer einzigen Nacht
abforderte, verachtete den siebzigjährigen Myron und
seine reichen Anerbietungen. Er schob die Schuld dieses ungünstigen Geschicks auf sein Alter, und erschien
des andern Tages in dem jugendlichsten Anzuge mit
braungefärbtem Haare in dem Tempel dieser Göttinn.
„Unsinniger, rief Lais ihm entgegen, wie kannst
„du heute etwas von mir fodern, das ich erst ge-
„stern deinem Vater abschlug.⁴⁹) Lais liebte den

Hip=

---

49) Auson. Epigr. XVII. 17.

Hippolochus so heftig, daß sie ihm nach Theſſalien folgte. Allein die Theſſaliſchen Weiber wurden so eiferſüchtig über ihre Schönheit, daß sie sie in dem Tempel der Venus mit Steinen todtschlugen. Dieß beweißt, daß Lais, die ihre Gunſtbezeugungen im so hohen Preiſe zu veräußern im Stande war, doch auch andere Gefühle kannte, als die, welche blos Eitelkeit und Eigennutz hervorzubringen pflegen. Sie, in deren Feſſeln ganz Griechenland lag, wurde ein Opfer ihres eigenen Herzens. [50])

Wenn

---

50) Lais erhielt am Fluße Peneus ein prächtiges Denkmal. (Plut. in Amat. p. 768.) Athenäus (Deipnos XIII. p. 587.) hat uns die Aufſchrift deſſelben aufbewahrt:

Της δε ποθ' η μεγαλαυχος ανικητος τε προς αλκην
Ελλας εδηλωθη καλλεος ισοθεη
Λαϊδος: ἡν τεκνωσεν Ερως, θρεψεν δε Κορινθος,
Κειται δε εν κλεινοις Θετταλικοις πεδιοις.

Der muthwillige Bayle, deſſen gelehrtes Werk mit unter eine wahre Chronique skandaleuse iſt, erwähnt auf das Zeugniß ebendeſſelben Athenäus, der uns von dem Tode der Lais, die obenerzählte Nachricht giebt, einer andern Todesart derselben, die man entweder im Athenäus selbſt a. a. O. oder in Bayle's Dictionn. hist. & crit. Article LAIS nachleſen kann. Da es mehrere Hetären gab, welche den Namen Lais führten, so gilt das, was Athenäus sagt, wahrscheinlich von einer andern Lais, als der Korintiſchen.

Wenn man die Lebhaftigkeit der Phantasie, und die enthusiastische Liebe der Griechen für Schönheit kennt; wenn man weiß, wie außerordentlich zart ihr Gefühl, wie gebildet ihr Geschmack, und wie fein ihr Umgang war: so kann man sich ohngefähr einen Begriff von derjenigen Art von Lieb= machen, die zwischen ihnen, und jenen liebenswürdigen Geschöpfen, welche die Kunst zu gefallen und zu lieben, in einem so hohen Grade besaßen, nothwendig statt finden mußte. Religion und Klima trugen auch das ihrige dazu bey, um diese Neigung in den Seelen so auf= geklärter und gebildeter Menschen, noch mehr zu ver= schönern und zu veredeln.

Ihre Religion, so gering auch der Einfluß der= selben auf die Moralität ihrer Bekenner war, gab doch ihren Seelen eine Erhabenheit, die wir unter keinem Volke des Alterthums wieder antreffen. Es war ein schöner Aberglaube, der Aberglaube der grie= chischen Nation, und eine Mythologie, wie die ihrige hat noch kein anderes Volk erfunden. Ihre Götter, Göttinnen und Helden, waren alle in ihrer Art voll= kommene Muster der Schönheit: und selbst die an= thropomorphischen und anthropopathischen Begriffe, wovon die Göttersysteme der Griechen so voll sind, mußten das ihrige dazu beytragen, um die Götter Griechenlands dem Menschengeschlechte näher zu brin= gen, und dadurch die sklavische Furcht vor ihnen, die nur Niedergeschlagenheit und Ausartung des Gei=
stes

stes noch sich ziehen kann, aus freyen Seelen zu ent=
fernen. Ihre religiösen Gebräuche und Feste brachten
die Seele in eine heitere fröhliche Stimmung, oder
erfüllten die Phantasie mit den erhabensten Bildern.
Eine solche Richtung, welche die griechische Religion
dem Geiste ihrer Verehrer gab, mußte nothwendig den
wohlthätigsten Einfluß auf das ganze System ihrer
Vorstellungen und Empfindungen äußern.

Diese immerwährende Heiterkeit des Geistes,
welche die Griechen zu dem muntersten und aufgewek=
testen Volke machte, und zu welcher sie gewissermas=
sen schon durch den Geist ihrer Religion gestimmt wur=
den, wurde durch das Klima, und die glückliche Lage
Griechenlands noch mehr befördert. Die Phantasie
der Griechen nicht so matt und frostig, wie die Phan=
tasie der nördlichen Europäer, und nicht so aben=
theuerlich und glühend wie die Phantasie der Asiaten,
behielt den hohen Flug der letztern bey, und zügelte
ihn durch den gemäßigten Ernst der erstern. Bey dem
wollustathmenden Asiaten wird das Bedürfniß zu lie=
ben sehr frühe wach, ist sehr heftig, und äußert sich
durch lauter ekstatische Zustände und fürchterliche Pa=
roxysmen von Eifersucht. Der Nordbewohner reift
viel später, und liebt beynahe ohne alle Heftigkeit.
Beyde scheinen keine andere Liebe zu kennen, als die=
jenige, welche sich blos auf das Bedürfniß des
Körpers gründet. Nur Griechenland brachte eine Art
von Liebe hervor, die ohne zu rasen zärtlich und in=
nig

nig genug war, und ohne von der Schwere eines kalten Temperaments gänzlich zu Boden gedrückt zu werden, an der Hand der Musen und Grazien in den Hainen von Amathunt, und in den Thälern der Thessalischen Tempe umherwandelte. Die Musen und Grazien schloffen einen ewigen Kreis um dieses glückliche Volk, und verbreiteten unter demselben jene heitere fröhliche Denkart, welche auch auf die Begriffe von Liebe ihre wohlthätigen Einflüsse äußerte, und die Genüsse, welche diese Leidenschaft gewährt, nicht nur veredeln, sondern auch vervielfältigen mußte. Nur der Grieche liebte mit Geschmack, und so wenig auch ein gebildeter Geist bey der Wahl einer künftigen Gattin in Anschlag kommen mochte: so sehr nahm man doch bey der Wahl der Geliebten auf diesen Vorzug Rücksicht.

Geschmack und Phantasie waren es also, welche bey dieser Art zu lieben hauptsächlich ihre Befriedigung fanden: und man wird nun von selbst die Epoche bestimmen können, in welche unserer obigen Eintheilung zu Folge die Geschichte der Liebe unter den Griechen gesetzt werden muß. Aber diese schöne Epoche dauerte nicht lange. Ein unglücklicher Zusammenfluß von mancherley Umständen verwandelte diese Quelle des Vergnügens, die aus einer feinern und humanern Art zu lieben entsprang in eine Quelle von mancherley Uebeln. Die Ehen waren für die Griechen ohnehin schon lange ein

Zu

Zustand des Zwanges, dem man sich nur aus politischen Ursachen unterwarf. Wie gerne ergriff man also jedes Mittel, wodurch man sich die Annehmlichkeiten des ehelichen Lebens verschaffen konnte, ohne sie eben mit dem Verluste seiner Freyheit erkaufen zu müssen. Der Umgang mit den Hetären schloß keinen der Genüsse aus, welche sonst nur die zärtlichste eheliche Verbindung zu gewähren pflegt, und war gleichwohl von allem Zwange entfernt. Man sah daher oft Männer, die von Seiten ihres Kopfes sowohl, als von Seiten ihres Herzens verehrungswürdig waren, solche Verbindungen mit Hetären eingehen, die oft nicht einmal in Rücksicht ihrer Dauer von den ehelichen unterschieden waren, und nur mit dem Leben der einen oder der andern von den mitinteressirten Partheyen aufhörten. Die meisten Philosophen führten eine solche Lebensart, und der anekdotenreiche Athenäus [51]) erzählt uns, daß Aristoteles mit der Hetäre Hyperillis bis an seinen Tod

---

51) Athen. XIII. p. 588. Diogenes der Hund, war der Liebhaber der Korinthischen Lais. Auch ist die Verbindung dieser berühmten Hetäre mit Aristipp bekannt: nur ist es auffallend, daß Lais ihre Gunstbezeugungen dem Diogenes umsonst, dem Aristipp aber nur gegen baare Bezahlung gewährte, wie uns der oft erwähnte Anekdotensammler Athenäus a. a. O. versichert.

Tod eine solche zärtliche Verbindung unterhalten habe: ein Sohn Nikomachus war die Frucht dieses Umganges. Als in den letzten Zeiten der griechischen Republiken, die allgemeine Verwirrung, welche in denselben herrschte, jede politische Verbindung nicht nur unangenehm, sondern auch gefährlich machte: hütete man sich noch mehr durch Heurathen in Familienverhältnisse zu tretten, wodurch man in den Wirbel der allgemeinen politischen Verwirrung hätte hineingezogen werden können. So wurde der Antheil, den man an dem gemeinschaftlichen Interesse des Staats nahm, immer geringer, und das allgemeine Band, welches die einzelnen Mitglieder desselben verknüpfte, immer schlaffer.

Ein zweyter Umstand, welcher den überhandnehmenden Geschmak der Griechen an dem Umgange mit Hetären zu einer Quelle des Uebels machte, war der Luxus, welcher seit den persischen Kriegen in Griechenland, besonders aber zu Korinth, zu Athen, und seit den Zeiten des ehrgeitzigen Lysanders auch zu Sparta immer höher stieg. Die Sucht eine Hetäre auf seine eigene Kosten zu unterhalten, griff immer mehr und mehr um sich; und da diese Personen nicht immer auf die diskreteste Weise mit ihren Liebhabern umgiengen, so begreift man leicht, woher es kam, daß so viele griechische Jünglinge ihr väterliches Erbe durchgebracht hatten, ehe sie noch zu dem gesetzmäßigen Besitz desselben gelangt waren. Schon jenes hohe

hohe Grad von Bildung, der bey den griechischen Hetären statt fand, die große Menge an Bedürfnissen, welche eine natürliche Folge davon waren, und der ungeheure Aufwand, welchen diese öffentliche Personen machten, lassen es vermuthen, daß die Preise, welche sie für ihre Gunstbezeugungen ansetzten, ziemlich hoch gewesen seyn mögen. Aber nicht alle griechische Jünglinge dachten, wie Demosthenes, dem der Preis von zehentausend Drachmen (2250 Rthlr.) zu hoch schien, um dafür die Reue, eine Nacht in den Armen der schwelgerischen Lais zugebracht zu haben, zu erkaufen [52]). Die Folgen dieses ausserordentlichen Luxus wurden bald sichtbar. Die Buhlerinnen wurden unermeßlich reich, und die edelsten Familien giengen darüber zu Grunde. Phryne hatte bey dem lucrativen Geschäfte, welches sie trieb, so ansehnliche Summen gewonnen, daß sie sich erbot, die von Alexander zerstörten Mauern von Theben, auf eigene Kosten wieder aufbauen zu lassen, wenn man ihr erlauben wollte, die stolze Aufschrift darauf setzen zu lassen: diese Mauern hat der große Alexander zerstört, und Phryne die Buhlerin wieder aufgebaut [53]). Die Griechen hatten zwar noch so viel

Ge=

---

52) Gell. Att. Nächte. I. 8.

53) Athen. XIII. p. 591. Αλεξανδρος μεν κατεσκαψεν, ανεστησε δε Φρυνη, η εταιρα. Quintil. Inſtit. orat. II. 15.

Gefühl für Ehre, daß sie diese unerhörte Eitelkeit eines Weibes mit Verachtung abwiesen: aber sie waren doch schon so tief von der ehemaligen Würde ihres Charakters herabgesunken, daß sie es nicht fühlten, wie sehr Alcibiades ihrer spottete, indem er einen mit Blitzen bewafneten Liebesgott im Schilde führte. Die Korinthischen Buhlerinnen waren wegen des hohen Preises, um welchen sie ihre Gunstbezeugungen verkauften, am berühmtesten. Sie ertheilten dieselben nur reichen und angesehenen Männern. Fremde, und reiche Kaufleute, waren ihre beste und liebste Beute. Sie gebrauchten die feinsten Kunstgriffe um sie an sich zu locken, und entliessen sie gewöhnlich nur mit dem Verluste aller ihrer Habseligkeiten [54]).

Das Ansehen und der Einfluß, zu welchem die griechischen Buhlerinnen in so kurzer Zeit gelangt waren, und die prächtige Lebensart, welche sie führten, mußten die Begierde der Griechischen Mädchen, sich einem Stande zu widmen, der so glänzende Aussichten eröfnete, in einem sehr hohen Grade reitzen. Die Anzahl der griechischen Hetären nahm also außerordentlich zu, und nur in Korinth zählte man über

tau=

---

[54]) Aristophanes sagt (im Plut. 1, 2.) die Korinthischen Buhlerinnen achteten denjenigen nicht, der mit leerem Beutel zu ihnen käme, aber dem reichen gäben sie alles Preis.

O

tausend solcher Mädchen, die von dem Ertrage ihrer Reitzungen lebten. Freylich waren die Classen, zu denen sie gehörten, nach dem Grade ihrer körperlichen und geistigen Reize sehr verschieden: allein die Korinthischen Mädchen hatten alle den Ruhm, daß sie sich zwar ihre Gunstbezeugungen sehr theuer bezahlen ließen, aber in Rücksicht ihrer Delikatesse und eines gewissen Anstrichs von Dekorum, den sie dem Geschäfte, welches sie trieben, zu geben wußten, alle ihre übrige Zunftgenossinnen in ganz Griechenland weit hinter sich zurückließen.

Diese Grazien des weiblichen Umgangs verschwanden aber endlich vor dem Hauche des Despotismus, der von Macedonien aus über Griechenlands Fluren wehte. Anstatt der Leänen [55]) die lieber die

grau=

---

55) Leäna wußte um das Geheimniß der Verschwörung gegen die Söhne des Pißstratus. Einer von den Tyrannen, welchem äußerst viel daran gelegen war, es zu entdecken, ließ diese Buhlerin auf die Folter spannen. Leäna hielt mit unerschütterter Standhaftigkeit die ersten Versuche dieser grausamen Inquisition aus. Als sie aber besorgte, die Heftigkeit des Schmerzens möchte sie verleiten die Freunde des Vaterlands, die zugleich auch die ihrigen waren zu verrathen, biß sie sich die Zunge ab, und spie sie dem Tyrannen ins Gesicht. — Die Löwin ohne Zunge, welche Athen zum Andenken dieser Begebenheit am Eingange seiner Citadelle errichtete, beweißt, daß diese berühmte Stadt nicht erröthete, ihren Ruhm mit dem einer Buhlerin zu vermischen.

grausamsten Martern erdulden, als an ihrem Vater=
lande eine Verrätherey begehen wollten: anstatt der
Aspasien, in deren Cirkeln sich die Perikles zu Red=
nern bildeten, und die Sokrates die Philosophie des
Lebens lernten: anstatt einer Leontium, welche den
Epikur philosophiren lehrte, und selbst philosophische
Werke schrieb, [56]) betraten nun diese Rosenbahn, auf
welcher sonst die Liebe nur in Gesellschaft der Musen und
Grazien wandelte, eine unzählbare Schaar feiler Prieste=
rinnen der Venus Volgivaga, die ohne alle Ansprüche
auf Bildung und Erziehung nichts, als das Interesse
der gröbsten Sinnlichkeit zu befriedigen im Stande
waren.

Ich schweige von den traurigen Folgen, welche
der überhandnehmende Geschmack der Griechen an dem
Umgange mit Buhlerinnen für ihre eheliche und häus=
liche Verhältnisse nach sich ziehen mußte. Es war
nähmlich nicht zu vermeiden, daß eine solche Den=
kungsart auch für die Tugend der griechischen Bür=
gerinnen ohne alle nachtheilige Folgen häte blei=
ben sollen. Die Lebensart, welche die Hetären führ=
ten, war zu glänzend, und die Vergnügungen, wel=

D 2 che

---

[56]) Sie schrieb unter andern ein Werk gegen den Theo=
phrast, und wie Cicero sagt, scito quidem ser-
mone & attico. Cic. de nat. Deorum. 1. 33.

che sie genossen, hatten einen viel zu grossen Reiz, als daß sie nicht den Neid derjenigen, welche die Gesetze von allen diesen Annehmlichkeiten des gesellschaftlichen Lebens ausschlossen, hätten rege machen sollen. Zwar fieng mit diesem Zeitpunkt in der Geschichte der griechischen Sitten auch eine günstigere Epoche für die Bildung des weiblichen Geschlechts in Griechenland an: aber von diesem Augenblicke an, giengen auch die Ueberreste aller jener Tugenden, wodurch sich die griechischen Frauen bisher so sehr zu ihrem Ruhme ausgezeichnet hatten, gänzlich verlohren. Die eheliche Treue, welche freylich in Griechenland in Rücksicht der Männer von jeher ein Wort ohne alle Bedeutung war, fieng nun auch in Rücksicht der Weiber an viel von dem hohen Werthe zu verlieren, welchen sie in dem Zeitalter Penelopens hatte. Liebeshändel mit verheuratheten Frauen wurden etwas sehr gewöhnliches, wiewohl ein Ueberrest von Schaam es den griechischen Weibern eine Zeitlang nothwendig machte ihre Galanterien mit dem Schleier des Geheimnisses zu bedecken. Aber durch die unverzeihliche Nachsicht ihrer Männer gelang es ihnen endlich sich auch dieser letzten Fesseln, welche ihnen die Convenienz auflegte zu entledigen. Seitdem die Nachkommen der Helden, die bey Marathon, Salamis und Plataͤa stritten ihre Weiber und Tochter selbst in die Schulen der Aspasien führten, verschwanden Sklaven, Hunde und Riegel vor den
Thü-

Thüren der Gynäceen. Der Ehebruch blieb ungeahndet, und es traf auch bey den Griechen ein, was dort Horaz von den Römern sagte:

>Fœcunda culpæ sæcula nuptias
>Primum inquinavere & genus & domos:
>>Hoc fonte derivata clades,
>>In patriam populumque fluxit.
>>>Hor. Carm. III. 6.

Aber unter allen griechischen Weibern erreichten keine einen so hohen Grad von Sittenlosigkeit, als die Spartanerinnen. Ein sonderbares Phänomen, das bey der ausserordentlichen Strenge der Sitten, zu welchen die Gesetze Lykurgs die Spartaner anhielten, kaum zu erwarten war. Lykurg glaubte so sehr für die Tugend der Spartischen Weiber gesorgt zu haben, daß er nicht einmal für nöthig fand, eine Strafe auf den Ehebruch zu setzen. Aber er hatte durch seine Gesetzgebung selbst den Keim des Sittenverderbens in die Herzen seiner Mitbürger gelegt. Seine Gesetzgebung hatte den Fehler mit den übrigen griechischen Gesetzgebungen gemein, daß sie den Grundsatz vorauszusetzen schien: **der Mensch sey um des Staates willen, und nicht der Staat um des Menschen willen da.** So wurde die Privatglückseligkeit jedes einzelnen, und selbst die Moralität dem Zweck des Staates aufgeordnet ⁷⁷). Freylich erhielt die Spartische Republik durch den Einfluß dieser Gesetzgebung ein politisches Gewicht unter den übrigen griechischen Freystaaten, wie keine andre. Aber wenn gleich der geheime Schade, mit dem dieser Staatskörper behaftet war, über vierhundert Jahre verborgen blieb, so wurde er nach diesem Zeitraume gleichwohl sichtbar, und griff nun desto fürchterlicher um sich. Was in Sparta **Freyheit** hieß, war wie in allen demokratischen Staaten nur ein Schatten davon, und da der menschliche Geist die Fesseln, welche ihn der Spartische Gesetzgeber angelegt hatte, endlich mit Gewalt zerbrach, und die moralische Bildung der Nation den heftigen Wirkungen einer solchen Katastrophe das Gegengewicht zu halten nicht im Stande war: so darf es uns nicht wundern, daß die Spartische Freyheit in der Folge in die zügelloseste Licenz ausartete. Der edle kriegerische Geist der alten Lacedämonier gieng in Raub- und Eroberungssucht über, die in den persischen und peloponnesischen Kriegen zu hellen Flammen an-

---

57) „Ueberhaupt, sagt Plutarch, entwöhnte Lykurg seine „Bürger von dem Gedanken **für sich selbst zu** „**leben**, sondern munterte sie auf, gleich den Bienen nur **ein gemeinschaftliches Interesse** zu haben, „**sich selbst zu vergessen**, und voll Enthusiasmus „und Ehrbegierde nur dem Vaterlande zu leben." **Plut. im Lyk. S. XXV. 2.**

gefacht wurde. Je weiter sich der Schauplatz des Krieges von ihrem Vaterlande entfernte, desto mehr wurden die Lacedämonier in einer fremden Athmosphäre, wohin der Geist ihrer Gesetze und die Aufsicht ihrer Ephoren nicht reichten, von fremden Lastern angesteckt. Die frugalen Spartaner, bey denen Simplicität der Sitten und Einfachheit der Lebensart einheimisch waren, wurden schon in dem persischen Kriege mit allen Lastern der Ueppigkeit und der Schwelgerey bekannt. Ihr Glück in dem peloponnesischen Kriege verschaffte ihnen ungeheure Reichthümer; und diese liessen bald gar keine Spur von der alten Spartischen Denkart zurück. Die Leidenschaften, die durch den Druck und die Strenge der Spartischen Gesetze so lange in einem gewaltsamen Zustande erhalten wurden, brachen, sobald dieser Druck nur etwas nachließ, mit verdoppelter Heftigkeit los. Das Sittenverderbniß griff plötzlich um sich, und äußerte sich durch eine natürliche Folge, zuerst an dem weiblichen Geschlecht. Je männlicher die Erziehung dieses Geschlechts war, je gesünder, stärker, saftreicher und reizbarer dadurch der weibliche Körper wurde, mit desto grösserem Ungestüm zerbrachen alle Begierden dieser Androgynen, besonders aber der Geschlechtstrieb, die Fesseln der Anständigkeit und der Moralität. Und nun erst zeigten sich die Folgen jener Subordination der moralischen Gefühle unter die Zwecke des Staats, welche z. B. durch die Unterdrückung

des

des Gefühls der Schamhaftigkeit und die Einführung einer Art politischen Ehebruchs ⁵⁸), bewirkt wurde, in ihrer ganzen Schrecklichkeit. Kein Verbrechen war zu den Zeiten des Aristoteles in Sparta gewöhnlicher, als Ehebruch. Das Bedürfniß der physischen Liebe artete bey den Spartanerinnen in eine völlige Raserey aus, der die Griechen den Namen Andromanie, (Manneswuth, Nymphomanie) beylegten. Keine Arzneymittel halfen gegen dieses fürchterliche Uebel, denn es entsprang hauptsächlich aus moralischen Ursachen, welche durch keine physische Heilmittel gehoben werden konnten. Nirgends, und selbst unter den so berüchtigten Lesbierinnen, artete der Geschlechtstrieb in einem so hohen Grade aus, als unter den Spartischen Weibern. Die Schilderungen von den fürchterlichen Wirkungen einer heftigen Geschlechtsliebe auf Körper und Geist, die wir in den Gedichten der Lesbischen Sappho lesen, sind nichts weniger als übertrieben, und Plutarch behauptet ⁵⁹), daß die Weiber Lakoniens nicht selten von jenem heftigem Feuer verzehrt wurden, das den Busen dieser Dichterin durchwühlete, und dessen schreckliche Symptome

sie

---

58) Plut. im Lyk. XV. 3.

59) Ebendas. über die Liebe. S. 756.

sie selbst mit einer Glut, welche selbst die Natur verzehren zu wollen scheint, in ihren Gedichten schildert.

So blieb denn in den letzten Zeiten der Spartischen Republik noch nicht eine Spur von ihrer alten Frugalität, Mäßigkeit und Tugend zurück, und es ist daher kein Wunder, wenn auch dieses stolze und einst unüberwindliche Sparta seinen Nacken unter das schimpfliche Joch des Despotismus beugte.

Die Blüte der Griechischen Freyheit war nun dahin gewelkt, und mit ihr starb auch der Keim jedes edleren Gefühls in den Herzen der Griechen. Dieser hohe republicanische Geist, der sie in den ersten Persischen Kriegen belebte, artete überall in niedrigen Factionengeist aus; und jener edle Enthusiasmus, der einst jeden einzelnen Bürger zum Wohl des Ganzen beseelte, erschöpfte sich nach und nach in dem eigennützigen Bestreben, sein eigenes Privatinteresse, sey es auch auf Kosten des Vaterlandes, zu befördern. Ein jeder suchte aus dem allgemeinen Ruin des Staats soviel zu retten, als nur immer das Verhältniß seiner Kräfte zu seiner Habsucht möglich machte. Die Grazien flohen erschrocken von einem ausgearteten Volke, von dem der Geist seiner Ahnen gewichen war. Die Greuel des Sittenverderbens nahmen überhand, und man kann sich leicht vorstellen, in welchem Grade auch die Geschlechtsliebe bey einem Volke ausarten mußte, das von allen seinen vorigen Eigenschaften kaum eine andere, als die unbändige Hitze eines feurigen Temperaments, und eine, durch den überhandnehmenden Geschmack an asiatischen Schwelgereyen, verdorbene Phantasie behielt. Ich will der Delikatesse meiner Leser mit keiner Beschreibung der Zügellosigkeit der griechischen Sitten und der unnatürlichen Ausschweifungen, deren sich diese Nation schuldig machte, zu nahe tretten. Scenen dieser Art erwecken nur Eckel und Abscheu, und verringern das Mitleid, das uns sonst eine Nation einflößen müßte, welche die höchste, und bis jetzt fast noch unerreichte Stuffe der Humanität erstiegen hatte, und am Ende nur desto tiefer fiel. Der Genius der Geschichte flieht mit verhülltem Angesichte vor einem solchen Anblick vorbey, und der Menschenfreund bedauert das traurige Loos der Menschheit, die nur darum auf der Stuffenleiter der Cultur höher zu steigen scheint, um desto tiefer zu fallen.

Unstreitig wäre die griechische Freyheit gegen alle Angriffe der macedonischen und römischen Despoten gesichert geblieben, wenn der Sittenverfall in Griechenland nicht so groß gewesen wäre. Und wie viel die griechischen Buhlerinnen und die Sittenlosigkeit des weiblichen Geschlechts überhaupt dazu beygetragen haben, hat man gesehen. Sonderbar ist es, daß die Epoche, in welcher das weibliche Geschlecht in Griechenland mehr Einfluß auf das gesellschaftliche Leben erhielt, zugleich die Epoche war, wo sich

die

die griechischen Freystaaten ihrer Auflösung zu nähern begannen.

Ehe ich schließe, muß ich noch einem Einwurfe, den mir vielleicht meine Leser schon in Gedanken gemacht haben, vorher begegnen. Es ist Thatsache, daß die Knabenliebe unter den Griechen selbst in dem Zeitalter, in welchem ihre Hetären das höchste Ansehen erreicht hatten, und das weibliche Geschlecht zu keinem unbedeutenden Einfluß auf die Sitten des Zeitalters gelangt war, noch immer fortdauerte. Wenn nun der Mangel an Bildung bey dem weiblichen Geschlecht, als eine Haupturfache dieser Neigung angesehen werden soll, woher kam es, daß diese Neigung nicht mit diesem Mangel aufhörte?

Man weiß, wie groß die Macht der Gewohnheit ist, und wie fest die Richtung bleibt, welche die Phantasie einmal angenommen hat. Eingebildete Vergnügungen werden dadurch zu wahren Genüssen, und Scheingüter zu wirklichen erhoben. Dieser subjective Werth mancher eingebildeten Genüsse, ist dann in unsern Augen so groß, daß uns ihr Entbehren oft schmerzlicher fällt, als der Verlust eines wirklichen Genußes; und sie verlieren ihren Einfluß auf unser Begehrungsvermögen, selbst bey der Möglichkeit sich reellere Genüsse zu verschaffen, so wenig, daß vielmehr unsre Wahl, bey einer vorkommenden Alternative, zu Gunsten dieser scheinbaren Genüsse ausfällt.

Man

Man denke sich nun einen Griechen, mit dessen ganzer Art zu denken und zu empfinden der Geschmack an Männerliebe so innig verbunden, und dessen Phantasie — voll von den Bildern männlicher Schönheit, — nur zum Genusse dieser Art von Liebe gestimmt war; der vielleicht durch einen Zufall seine erste Erfahrungen in der Liebe mit irgend einem schönen Ganymed gemacht, und dadurch eine Vorliebe für diese Art von Genüssen gewonnen hatte; der, voll von der republicanischen Idee, daß Männerliebe nur in freyen und edlen Seelen gedeihe, und durch die Aussprüche seiner Philosophen, welche diese Liebe die **himmlische** nannten, von der Richtigkeit seines Geschmackes überzeugt, mit Verachtung auf diejenigen herabsah, welche dem **gemeinen** Amor und der Venus Pandemos opferten: und man wird es begreiflich finden, wie sich der Geschmack an Männerliebe unter den Griechen so lange — und selbst während desjenigen Zeitalters erhalten konnte, wo die Aspasien und Phrynen die Aufmerksamkeit, welche das griechische Publicum jedem großen und schönen Talent erwieß, mit den berühmtesten Männern in der Republik theilten, und auch die übrigen Mädchen und Frauen in den Schulen dieser Meisterinnen, in der Kunst zu gefallen, einen höhern Grad von geistiger Bildung erhalten hatten.

Dieß

Dieß sind nun einige hingeworfene Züge, welche die Sitten und den Geschmack der Griechen in Rücksicht auf Freundschaft und Liebe characterisiren, so wie wir sie in den schriftlichen Denkmälern dieser geistreichen Nation des Alterthums hie und da zerstreut antreffen. Ihre Anzahl ist zu gering, und die Zeit hat viel zu viel von ihnen hinweggewischt, als daß wir, nach zweytausend Jahren, und unter einem Himmelsstriche, unter welchem sich beynahe keine Spur von griechischer Denkart findet, noch im Stande seyn sollten, ein vollkommenes Gemählde daraus zusammenzusetzen. Aber sie sind hinlänglich, um — wie die wenigen Ueberreste griechischer Kunstwerke, die ein guter Genius, aus der allgemeinen Verwüstung in den rohen Zeiten des Mittelalters gerettet hat, und die uns mit dem Kunstgenie dieser Nation bekannt machen — uns von der Erhabenheit und Feinheit ihrer Denkart, — zwey Dingen, die sonst nicht immer beysammen anzutreffen sind — einen allgemeinen Begriff zu geben.

Was ihre Begriffe von Freundschaft und Liebe von den unsrigen so sehr unterscheidet, ist die Beziehung, in welcher die erstere zu ihrer politischen Lage stund, und die außerordentliche Zartheit des Gefühls, wodurch sich die letztere auszeichnete, und die in einem gebildeten Geschmacke und einer verfeinerten Phantasie gegründet war. Ihr Geschmack für Männerliebe verminderte zwar die Achtung gegen das weibliche Geschlecht, und verwirrte die Begriffe von seiner Bestimmung; indem man dasselbe entweder blos als ein politisches Mittel zur Verlängerung der Existenz des Staats ansah, und auch nur als solches respectirte; oder als ein Werkzeug des Vergnügens betrachtete, und den Grad von Aufmerksamkeit, dessen man dasselbe in dieser Rücksicht würdigte, nach dem größern oder geringern Maße von Fähigkeit das Vergnügen der Liebe zu vermehren, bestimmte. Allein sie vermieden, so lange diese Grundsätze unter ihnen herrschend waren, alle die nachtheiligen Folgen, welche eine zu große Ausdehnung der Vorrechte, die der Geist unsers Zeitalters dem weiblichen Geschlecht zu machen erlaubte, nothwendig nach sich zieht, und so lange nach sich ziehen wird, bis man nicht — überzeugt von der moralischen und politischen Schädlichkeit des Grundsatzes, daß das Weib der Mittelpunct sey, um den sich alles in der Welt drehen müsse; eines Grundsatzes, dessen Wahrheit die Männer in der Theorie so gerne bezweifeln, aber in der Praxis durch ihr Betragen gegen das weibliche Geschlecht täglich ausüben — die wahren Verhältnisse zwischen beyden Geschlechtern, und die Gränzen ihres beyderseitigen Einflusses zum Wohl des ganzen menschlichen Geschlechts richtiger bestimmen lernen wird.

Nach-

Nachtrag

zur Eintheilung der Gemüthskräfte von J. B. Erhard.

Nach Z. 24.

S. 11. Die Gefühle laſſen ſich zwar claſſificiren, ſowohl nach den Gegenſtänden, die ſie gewöhnlich veranlaſſen, als nach den Vorſtellungen des Zuſtandes, den wir fühlen, aber wir können keine Verſchiedenheit der Gefühle an ſich, ohne Vermittlung der Vorſtellungen angeben.

Nach Z. 21.

S. 12. Empfindungsvermögen iſt nach dieſem das Vermögen, in unſern Bewußtſeyn zum Erkennen und Verlangen gewiſſer Gegenſtände von auſſen beſtimmt zu werden, und Gefühlvermögen, das Vermögen zum Erkennen und Verlangen durch uns ſelbſt beſtimmt zu werden. Da die Empfindung urſprünglich immer von einem äuſſern Eindruck abhängt, ſo wird eigentlich nur die Empfindungsfähigkeit erkannt.

Nach

Nach J. 12.

S. 19. Der eigentliche Trieb kann auch sehr gut Sachtrieb, so wie der uneigennützige, Formtrieb genennet werden. Da aber beydes den Sprachgebrauch noch nicht einverleibt ist, so ziehe ich folgende Benennungen und Erklärungen vor. Begehrungsvermögen in allgemeinster Bedeutung ist das Vermögen, durch Vorstellung eines Gegenstands zur Wirklichmachung desselben bestimmt zu werden. Die Vorstellung bestimmt das Vermögen, entweder dadurch, daß sie den Gegenstand als zu den subjectiven Bedingungen des Lebens (zur Lust) gehörig vorstellt, und das Vermögen so bestimmt zu werden, heißt das Begehrungsvermögen in engster Bedeutung; oder das sie ihm als einem von uns selbst gesetzten Gesetze (einer Maxime) entsprechend vorstellt, und das Vermögen so bestimmt zu werden, heißt Wille. Das Vermögen sich die Maxime seines Willens selbst zu geben, heißt Freyheit. Das Vermögen der durchgängigen Einhelligkeit der Maximen heißt praktische Vernunft.

Nach J. 18.

S. 21. Einbildungskraft läßt sich auch durch das Vermögen erklären, nicht wirkliche Gegenstände so vorzustellen, als wären sie wirklich. Sie erzeigt entweder diese Vorstellungen nur wieder, wie sie schon aufgefaßt waren, reproductive, Einbildungskraft in engster Bedeutung, oder sie setzt sie aus einzeln Merkmal

mal zusammen, Phantasie, productive Einbildungs=
kraft, Darstellungskraft in eigentlicher Bedeutung.

Nach Z. 7.

S. 25. In den übrigen Rücksichten sind die
bestimmende und reflectirende Urtheilskraft nur der
Richtung aber nicht der Art nach verschieden. Die be=
stimmende entwickelt die durch Verstand erzeugten Be=
griffe, und die reflectirende sucht Verhältniße zusam=
men, die neue Begriffe geben können. Nach der Art,
wie Begriffe von der Urtheilskraft in Verhältniße ge=
bracht werden, bekommt sie verschiedene Nahmen, ohne
daß man darauf Rücksicht nimmt, ob sie subsum=
mirend oder reflectirend handelt. Z. B. Wenn sie
Einerleiheit und Verschiedenheit entdeckt, heißt sie
Witz, wenn Einstimmung und Widerspruch, Urtheils=
kraft in engster Bedeutung, (Judicium) wenn das
Innere und Aeussere, Tiefsinn, wenn Materie und
Form, Scharfsinn.

Nach Z. 8.

S. 26. Anstatt Beobachtungsgabe, die eine
viele Seelenkräfte umfassende besondere Gabe eines
Menschen ausdrückt, ist der Ausdruck Empfindungs=
fähigkeit viel passender, eben so kann anstatt Sprach=
fähig=

fähigkeit, Bezeichnungsfähigkeit, und anstatt Talente Kunstfähigkeit gesetzt werden.

Der Nahme Gemüthskräfte scheint wenig Beyfall zu finden, und in der That hat das Wort Gemüth auch in dem Sprachgebrauch eine Bestimmung erhalten, die es noch weniger passend machte, als die Benennung Seelenkräfte. Ich kehre daher selbst wieder zur letzten zurück, und bediene mich des Wortes Seelenkraft auch in dem Sinne, als ich das Wort Gemüthskräfte erklärte.

Anthropologische Thatsachen.

I.

Beyträge zur Seelennaturkunde.

1. Geschichte der Blindheit, und der Bildung des Fräuleins von Paradies.

Ich glaube den Lesern dieser Beyträge keinen unangenehmen Dienst zu erweisen, wenn ich Ihnen eine authentische Nachricht von dem blinden Fräulein von Paradies, dessen Bildung und Geschicklichkeit ertheile, und sie in den Stand setze, über diese für den Philosophen, und insbesondere für den Anthropologen so merkwürdige Person gehörig zu urtheilen. Fräulein Maria Theresia von Paradies trat mit unverletzten Sinnesorganen auf die Welt. Ihre hellen, großen, braunen Augen ließen ihre rechtschaffenen Eltern das Unglück nicht ahnden, welches ihnen so nahe lag. Die ersten physischen Kräfte des Kindes fiengen an sich zu entwickeln, sie lernte lallen und gehen. Sie lief endlich in allen Zimmern herum, und unterhielt sich mit Spielereyen. Eines Tages bemerkte die Mutter plötzlich, daß das Kind, welches damals nicht über drittehalb Jahre alt war, an verschiedene Gegenstände anstieß. Allein sie hielt dieses Anstoßen für die Folge der Unachtsamkeit, und ermahnte dasselbe, sich mehr in Acht zu nehmen, und aufzumerken. Das Kind versetzte zwar darauf, daß es nichts sehe, aber man hielt diese Antwort für eine bloße Entschuldigung der Ungeschicklichkeit und für leere Ausflucht. Da man indessen die vermeyntliche Unschicklichkeit und Unachtsamkeit öfters bemerkte, wurde man aufmerksamer auf alles. Man hielt dem Kinde verschiedene Sachen vor, und da es bey seiner Behauptung, daß es nichts sehe, verblieb, so versprach man ihm kleine Geschenke zu geben, wenn es sagen würde, was man ihm vorhielte. Um das Versprochene zu erhalten, griff dasselbe mit den Händen nach dem Gegenstande, und suchte ihn durch das Gefühl zu erkennen. Nun giengen den Eltern die Augen auf einmahl auf, und sie waren von der Blindheit ihres Kindes überzeugt. Es ist leicht zu erachten, daß sie keine Mühe und Kosten gespart haben werden, um dem unglücklichen Kinde das Gesicht wieder zu verschaffen. Die Aerzte, welche dabey zu Rathe gezogen wurden, waren in ihren Urtheilen über die Ursache dieser Krankheit verschiedener Meynung. Denn

man

man bemerkte auſſer einer unbeſtimmten und falſchen
Richtung der Augäpfel äuſſerlich nicht die geringſte
Veränderung in ihren Augen. Die meiſten erklärten
jedoch die Krankheit für eine Folge des Nervenſchlags,
der die Sehenerven getroffen hätte. Bis zu dem ſechs=
zehnten Jahre des Fräuleins wurde alles Mögliche
verſucht, um dieſes Uebel zu heben, aber fruchtlos
und ohne den mindeſten Erfolg. Um dieſe Zeit trieb
der verruffene Magnetiſeur Meßmer ſein bekanntes
Spiel. Als er hörte, daß die Blindheit des Fräu=
leins von der Lähmung der Sehenerven herkomme,
drang er in die Eltern deſſelben, daß man ſie ihm
in die Cur geben ſollte. Die Eltern, welche ihrer
blinden Tochter, das Geſicht zu verſchaffen wünſchten,
lieſſen ſich von dem zubringlichen Redner bereden,
und gaben ſie ihm. Allein anſtatt die verſprochene
Cur zu vollziehen, zerrüttete er ihr ganzes Ner=
venſyſtem ſo ſehr, daß ſie ſich, nachdem ſie aus
ſeinem Hauſe kam, in den mißlichſten Geſund=
heitsumſtänden befand, und zuletzt von allen
Aerzten, welche ſie für verlohren hielten, verlaſſen
wurde. Ein damahls angehender Arzt, (der jetzt be=
rühmte Doctor Wurgo,) ließ den Muth nicht ſinken,
und ſtellte ſie endlich wieder her. Indeſſen ſind ihre
Nerven ſeit dieſer Zeit ſehr empfindſam, werden leicht
erſchüttert, und wirken mächtig ſowohl auf den Kör=
per als auch auf den Geiſt. Seit der unglücklichen Cur,
in welcher ſie ſo viel gelitten hatte, ließ ſie ſich

durch=

durchaus zu keiner neuen Cur bereden, und wünscht sich auch nicht mehr, das Gesicht zu erhalten, indem sie, wie sie sagt, nur aufs Neue in Verwirrung kommen, und eine Menge neuer Sachen lernen müßte; da sie jetzt mit ihren zehn Augen — so nennt sie ihre Finger — gut fortkommen könne. —

Das traurige Vorurtheil, daß man Menschen, welchen der Sinn des Gesichts mangelt, für eine ganz besondere, unvollkommene und andere lästige Art von Menschen zu halten pflegt, ist höchst irrig, gefährlich, und entehrt die Menschheit. Die meisten Eltern, deren Kinder entweder blind auf die Welt gekommen sind, oder ihr Gesicht durch andere Unglücksfälle verlohren haben, sehen dieselben für lebendig todt an, und betrachten sie als Auswürfe ihrer Familie. Essen, trinken und sparsame Kleidung, ist alles, was sie ihnen oft mit Widerwillen darreichen, und in dem falschen Wahne, als wären solche Geschöpfe zu nichts tauglich, vernachlässigen sie dieselben gänzlich, und machen sie vollends zu Krüppeln am Geiste.

Was man indessen aus den Blinden machen könne, beweisen die Beyspiele des Saunderson, welcher über verschiedene Theile der Mathematik und Naturlehre Vorlesungen gab, des Doctors Heinrich Moyes, der sich in der Mathematik, Musik und Chemie große Kenntniß erwarb, des Tonkünstlers Stanley und Parry, des Baumeisters und Aufsehers

der

der Straßen in England John Matcalf *), und das Beyspiel des noch lebenden Fräuleins von Paradies, dessen Bildung ich jetzt erzählen werde. Dieselbe wurde gleich vom Anfang wie eine Sehende behandelt, und man war immer darauf bedacht, sowohl ihr Herz als auch ihren Verstand gehörig zu bilden, und den Trieb zur Thätigkeit durch allerley ihrem jedesmahligen Alter angemessene Arbeiten zu unterhalten. Ihr lebhafter und thätiger Geist und ihre große Wißbegierde, gaben den aufmerksamen Eltern die Mittel an die Hand sie nach und nach zu vervollkommnen. Schon als ein Kind von fünf Jahren hörte sie mit großer Aufmerksamkeit zu, wenn man ihr etwas vorlas. Sie hatte überdies vielen Umgang mit andern Kindern, mit denen sie stets wetteiferte, und deren Anführerinn und Rathgeberin sie öfters abgab. Als eines dieser Kinder das Clavierspielen lernte, hörte sie demselben sorgfältig zu, und bemühete sich die Stücke, welche es spielen hörte, nachzumachen. Dies brachte die Eltern auf den Gedanken ihrer wißbegierigen Tochter, welche damals acht Jahr alt war, ein kleines Spinet anzuschaffen, und ihr den Sohn eines Schulmeisters, der ein wenig klimperte, einstweilen zum

---

*) Sieh. Essays of philosophical and litterairy society of Manchester Tom. I.

zum Lehrer zu geben. In der ersten Unterrichtsstunde, kannte sie schon alle Tasten, und in der dritten lernte sie ein Menuet spielen. Hat sie dieß gelernt, sagte ihr Vater, so lernt sie auch mehr, und ließ sie in der Musik fortfahren. In einem Monate spielte sie schon ein kleines Concert. Da sie nun anfieng ihren bisherigen Meister zu übertreffen, so bekam sie einen andern Lehrer in der Musik Nahmens Fuchs, welcher ihr die wahre Methode in der Musik zeigte, und auch eine Festigkeit im Tacte beygebracht hatte. Darauf erhielt sie einen Flügel, und bekam Herrn Richter zum Meister, bey welchem sie die Geschwindigkeit im Spielen lernte. Sie spielte Concerte vom Bach und allen großen Meistern jener Zeit. Sie spielte auch die Orgel mit großer Fertigkeit, ließ sich bey allerley Gelegenheiten, und in den meisten Kirchen der Stadt und in den Vorstädten Wiens hören. Bey einer solchen Gelegenheit hörte sie die selige K. K. Maria Theresia, und gab ihr aus eigenem Antrieb eine Pension von zweyhundert Gulden.

Hierauf wurde der k. k. Kapellmeister Herr Kozeluch ihr Lehrer, und sie verdankt diesem geschickten Meister, Präcision und Geschmack in der Musik. In der Folge lernte sie von Herrn Righini, und dem k. k. Kapellmeister Hrn. Salieri singen, was sie jedoch mehr als eine Nebensache behandelt. In der Composition erhielt sie Unterricht von Hrn. Kapellmeister Friebert.

Sie

Sie ließ sich auf ihren Reisen in Deutschland, Frankreich, der Schweitz, und England auf dem Fortepiano hören, und erhielt überall Beyfall. Sie hat sich gewisse Grundsätze in der Musik eigen gemacht, und läßt sich von ihnen weder durch Meynungen, noch durch Moden abbringen. Diese bestehen ohngefähr darinn: Die Musik ist die Sprache des Herzens, und die Mahlerey der Leidenschaften. Das Herz muß sie also verstehen, und die Leidenschaft sich darinn erkennen. Die Wahrheit und die Natur darf dabey der Kunst nicht aufgeopfert werden. Die Musik muß also deutlich, rein, und einschmeichelnd seyn, wenn sie ihren Endzweck erreichen, wenn sie rühren soll. Auf diesen Grundsatz bauet sie auch ihre Compositionen. Ihr feines Ohr und ihr gebildeter Geschmack verträgt keine Hartklänge. Die allzu ängstliche Beobachtung der Regeln hält sie für sklavische Pedanterey. — — Sonaten und Concerte componirt sie nicht, weil diese Arbeit für sie zu abstract ist, und ihren Gefühlen zu wenig Spielraum läßt. Lieder, Balladen, Cantaten, Opern, und überhaupt was durch die Menschenstimme ausgedrückt werden kann, ist der Gegenstand ihrer Bearbeitung, weil ihre Einbildungskraft dabey hinlänglichen Stoff zur Darstellung findet. Wie schön, wahr und rührend sie die Leidenschaften schildert und ausdruckt, zeigen ihre musikalischen Arbeiten zur Genüge. Unter andern enthält ihr Monument auf Ludwig den XVI. viele schauerliche

und

und rührende Stellen. — Wenn sie ein Stück componirt hat, so singt und spielt sie es auf dem Fortepiano, und dictirt es Tact für Tact einem Musikverständigen, der es dann aufschreibt. Werden zu einem Stücke die Instrumente gesezt, uns ist eine Partitur nöthig, so dictirt sie auf gleiche Weise die einzelnen Stimmen. Um die Stücke anderer Meister zu lernen, läßt sie sich dieselbe entweder auf dem Fortepiano oder auf der Violin vorspielen, und das Gehör ersezt ihr die Augen. Sie faßt alles sehr leicht, und lernet auf die Art ohne viele Mühe, in kurzer Zeit die schwersten Stücke. Da sie nun so viele Concerte, Sonaten u. s. w. von verschiedenen Meistern spielt, so muß sie, um selbige im Gedächtniße zu behalten, täglich eine gewiße Anzahl von ihnen durchspielen, und sie hat vierzehn Tage mit der Wiederholung zu thun, bis sie mit allen fremden und eigenen Stücken fertig ist. Vor einigen Jahren lernte sie auch die Quitarre spielen. Nebst diesem giebt sie noch einigen jungen Freundinnen Unterricht, welches ihre täglichen Beschäftigungen vermehrt. Besonders verdient angemerkt zu werden, daß sie ein junges gesichtloses Frauenzimmer in der Musik unterrichtet. — Sie wurde nämlich in einem Hause bekannt, wo eine Familie mit sechs Kindern schwer zu leben hatte. Unter diesen fand sich ein blindes Mädchen von sechzehn Jahren, welches ohne allen Unterricht aufgewachsen, ganz unbehülflich, un-

wi-

wißend, unthätig, und folglich sehr unglücklich war. Das harte Schicksal dieses Mädchens gieng ihr zu Herzen, und sie erbot sich für ihre Bildung zu sorgen. Aber welche Riesenarbeit! dieses Mädchen war beynahe nichts mehr als der roheste Naturmensch, und durch das Bewußtseyn der gänzlichen Ohnmacht niedergeschlagen. Weinen war ihre tägliche Beschäftigung, und Muthlosigkeit, beynahe ihr stärkster Characterzug. — Fräulein von Paradies suchte daher zuerst den Muth dieser Person aufzurichten, und ermahnte sie ihre Kräfte zu sammlen, sich aufzuheitern, und an ihr selbsten ein Beyspiel zu nehmen. Sie stellte ihr vor, sie würde in der Folge überzeugt werden, daß man auch ohne das Licht der Augen die Welt genießen und glücklich seyn könne. Der Erfolg rechtfertigte diese Hofnung, und das Mädchen fängt wirklich an, das Leben, welches sie zu verabscheuen schien, angenehmer zu finden. Und weil das Unglück, und das Unangenehme bey den Gesichtlosen zum Theil auch daher zu kommen scheint, daß sie sich wenig beschäftigen, und das peinliche Gefühl der Langenweile haben: so suchte das Fräulein von Paradies ihre gesichtlose Schülerin, möglichst zu beschäftigen. Sie lehrte sie das Stricken, die Karten kennen, und ließ sie auch im Spielen unterrichten. — Vom Klavierspielen hatte diese Person nicht den geringsten Begriff, und war so außerordentlich ungeschickt mit Händen und Fingern, daß außer einer Paradies, welche ge-

wohnt

wohnt ist, jeder Schwierigkeit Trotz zu biethen, sich schwerlich ein Meister gefunden haben würde, welcher nicht die Geduld verlohren hätte, und an der Möglichkeit sie zu unterrichten verzweifelt wäre. Anfänglich lehrte sie dieselbe alle Tasten des Klaviers kennen: dann mußte sie die Läufe durch alle Töne, sammt dem gehörigen Fingersatze lernen. Hierbey sezte sie ihr selbst die Finger, und legte die ihrigen ganz leicht oben darauf, um bey jeder Bewegung zu wissen, ob sie die Finger so halte, wie es seyn sollte. Hierauf ließ sie ihre Schülerin ein kleines Stück einstudiren. Sie spielte ihr erst alles, Tact für Tact vor, nannte ihr den Finger für jeden Taste, und zuweilen nahm sie ihre Finger, und spielte damit. Wenn die Schülerin einen Ton mit dem unrechten Finger nimmt, so hört es die Meisterinn gleich, und ruft ihr zu. Gegenwärtig spielt selbige schon mehrere Sonaten und ein Concert.

Obgleich die Musik eine Lieblingsbeschäftigung des Fräuleins von Parabies ausmacht*) so sezt sie doch weder ihrem Fleiß noch ihrer Geschicklichkeit in

an=

---

*) Die Musik ist der Erfahrung zu Folge die Lieblingsbeschäftigung aller Blinden. Sie veranlaßt bey ihnen das Spiel der gesammten Seelenkräfte, zerstreut die melancholischen Vorstellungen, erweckt in ihnen ästhetische Ideen, und trägt nicht wenig zur Beruhigung ihres Gemüths bey.

andern Kenntnißen Gränzen. Sie strickt gut, in ihrer
Jugend machte sie auch Spitzen, rechnet mit großer
Fertigkeit, welches nach der Anleitung des blinden
Mathematikers Saunderson auf hölzernen Tafeln ge=
schieht *); diese Tafeln haben viele Reihen = und Co=
lumnenweise gestellte Löcher, wovon jedes eine Zahl
bedeutet, welche durch ein Zäpfchen, so man in das
Loch steckt, bezeichnet wird. Neun solche Löcher ma=
chen ein kleines Viereck aus. Vermittelst dieser Zäpf=
chen spricht sie die größten Summen aus, addirt
mehrere Zahlen, und verrechnet die übrigen Rech=
nungsarten. — Einer ihrer Freunde, der die Fähig=
keiten ihres Geistes noch mehr entwickeln, und ihren
Verstand mit mehreren Kenntnißen bereichern wollte,
machte einen Versuch, ihr die Geometrie beyzubrin=
gen. In weniger als acht Monathen machte sie alle
mögliche Figuren, und zwar mit dem Lineal und Zir=
kel auf das genaueste nach. Dieß geschahe vermit=
telst der eben erwähnten Tafeln, und der dazu gehö=
rigen Zäpfchen, welche sie in jeden Winkel der Figur
sezte, und dann feine seidene Schnürchen (von ihrer
eigenen Arbeit) darum zog. So stunden die Figuren

für

---

*) Der Hofkammerrath Niesen hat in seiner Rechen=
kunst für Sehende und Blinde diese Tafeln
verbeßert, und sie beschrieben. Siehe daselbst die Fi=
gur 205, und Seite 218 — 226.

für Sehende und Blinde deutlich da. Nächstdem besaß sie alle mathematische Körper, an denen sie sich übte. Sie hatte einen Winkelmesser, worauf alle Grade für das Gefühl angezeigt waren. — Auf einer Wiese steckte ihr Freund verschiedene Figuren aus, und umzog dieselben mit Schnüren; sie merkte sich die Winkel in ihren Rechentafeln an; dann nahm sie eine Meßkette in die Hände, maß die Figuren richtig aus, und brachte sie nach dem verjüngten Maaßstab vermittelst ihres fühlbaren Transporteurs mit der genauesten Beobachtung der Proportionen auf die Tafeln. Durch Ausziehung der Quadratwurzeln veränderte sie die Figuren in andere, die man ihr bestimmt hatte. Mittlerweile aber gab sie die Geometrie völlig auf, weil sie wenig dazu aufgemuntert wurde. In der Jugend war die Geographie eines ihrer Lieblingsstudien. Ihre Landkarten sind auf Leinwand geklebt, die Gränzen und Flüße hat man auf denselben mit feinem Drath und seidenen Schnüren, das Meer mit darauf geleimten Sand, und die Städte nach Verhältniß ihrer Größe mit verschiedenen Perlen, welche daran geheftet sind, bezeichnet. Sie bedient sich dabey ihrer Finger, indem sie alles betastet, und sich dadurch die räumlichen Verhältniße, nebst den geographischen Situationen abstrahirt, und dem Gedächtniße einprägt. Auch wußte sie auf ihrer Reise die Gegenden und Städte, wo sie war, geographisch anzugeben.

Um

Um andern ihre Gedanken schriftlich mitzuthei=
len, bediente sie sich ehedem einer kleinen Handpreße,
vermittelst welcher sie alles und zwar orthographisch
richtig abdruckte. Auf diese Art correspondirte sie vor
ihrer Reise mit mehreren Personen, besonders aber
mit ihrem blinden und sehr geschickten Freund Herrn
Weissenburg in Mannheim, mit dem blinden Dichter
Hofrath Pfeffel, mit der Frau von la Roche, und
andern mehreren. Da sich aber ihre Correspondenzen,
und auch andere Geschäfte seit ihrer Rückreise ver=
mehrten; so gab sie das Drucken ihrer Briefe auf,
weil es sie viel Zeit kostete, und wählte dafür das
geschwindere Dictiren. Ihr Styl ist sehr verschieden,
zuweilen trocken, männlich, oft lustig, und manch=
mal satyrisch, meistens aber natürlich.

Der Tanz gehört zu ihren Lieblingsbeschäfti=
gungen. Sie tanzt nicht nur deutsch, sondern auch
Menuet und englisch und spielt alle Kartenspiele, am
liebsten aber Ombre und Whist. Die Kennzeichen, an
welchen sie die Karten erkennt, sind zwey bis drey
Nadelstiche. Die Mitspielenden sprechen, was sie spie=
len, laut aus, und sie giebt ihre Karten so ge=
schwind hin, als jeder andere. Auch schiebt sie ger=
ne Kegel, bey welchem Spiele sie im Durchschschnitt
mehr gewinnt, als verliert. — Das Theater liebt
sie leidenschaftlich. In ihrer Jugend spielte sie oft
wichtige Rollen in Privatgesellschaften. Sie weiß ge=
nau anzugeben, ob der Ausdruck der Declamation

Q   dem

dem Affecte, der dargestellt werden soll, angemessen sey. Die Aussprache, der Ton und der Accent des Sprechenden, dienen ihr statt der Physiognomik. Durch dieses Mittel weiß sie dem Gleißner von dem aufrichtigen Manne sehr geschwinde zu unterscheiden. Auch schließt sie aus der Stimme, ihrer Modulation u. s. w. meistens glücklich auf den Gemüthscharacter, das Temperament, und die Sinnesart der Sprechenden. Die Blinden bemerken viele Nuancen der Stimme, welche den Sehenden entgehen, weil diese keine Ursache haben, darauf zu achten. Sie kennt Personen, mit denen sie vor mehreren Jahren sprach, gleich aus der Stimme.

Da sich die Gesichtslosen genöthigt finden, bey dem Mangel des Gesichts die übrigen Sinne, besonders das Gehör und das Gefühl zu üben, und die ganze Aufmerksamkeit auf diejenigen Empfindungen und Vorstellungen, welche sie vermittelst derselben erhalten, zu concentriren; so ist die Feinheit und Vollkommenheit dieser Sinne bey ihnen meistens feiner als bey den Sehenden, und ihre Urtheile und Kenntniße zu denen sie durch die Vergleichungen ihrer Wahrnehmungen gelangen, setzen uns oft in Erstaunen. Es giebt Gesichtlose, welche mit Hülfe des Gefühls Farben von einander unterscheiden, und die ächte Münzen von unächten abzusondern wissen. Bey andern ist die durch den ganzen Körper zerstreute Fühlbarkeit so groß, daß sie jede Veränderung der Athmos=

mosphäre, und die Annäherung der Körper fühlen, und von ihrer Entfernung, Nähe, Größe, vermittelst der mehr oder minder gehinderten Einwirkung der Luft auf den Körper, und auf das Gehörorgan urtheilen können *).

Q 2 Wenn

*) Nichts scheint schwerer zu seyn, als das Eigenthümliche der Vorstellungsart der Blinden zu bestimmen, indem sie uns dasselbe weder durch Worte, mit denen sie oft ganz andere Merkmahle bey der Wahrnehmung der sichtbaren Gegenstände verbinden, wie die Sehenden, noch durch andere Kennzeichen mittheilen können. Wir sehen uns daher genöthigt, blos aus der Art ihrer Aeusserung über diesen oder jenen Gegenstand, auf ihre Vorstellungen, Empfindungen und Begriffe zu schliessen. Vor allem scheint es mir ausgemacht zu seyn, daß sie die dem Gesichte eigenthümlichen Wahrnehmungen auf keine Art durch andere Sinne erhalten können. Denn jeder Sinn hat seine eigene Sphäre, und einen eigenen Stoff, welchen er dem Vorstellungsvermögen überliefert, und wir können nie durch zwo verschiedene Sinne zu einer und der nähmlichen Empfindung gelangen. Das Auge lehrt uns z. B. nie die Härte der Körper, das Ohr nie die Süßigkeit der Speisen, und den Wohlgeruch der Blumen kennen. Dem ungeachtet können durch ganz heterogene sinnliche Ausdrücke und Empfindungen, die nämliche Urtheile über gewisse Eigenschaften der Körper, welche jedoch zugleich durch verschiedene Sinne wahrgenommen wurden, veranlaßt werden. Wenn zwo durch verschiedene Sinne wahrnehmbare Erscheinungen immer zugleich bey der Anschauung

des

Wenn dieses Frauenzimmer nicht zerstreut, und auf ihre Gefühle aufmerksam ist, so empfindet sie deutlich, wenn sie sich einem in ihrem Wege stehenden besonders grössern Körper nähert. Sie gehet im ganzen Hause, wie ein Sehender herum. Wenn Sessel oder Tische aus ihrer Ordnung gerückt, und ihr im Wege stehen; so geschieht es zuweilen, daß sie

---

des Gegenstands wahrgenommen werden, so schließt man von der Wahrnehmung der einen Eigenschaft auf die andere, und hält nicht selten Reflexionsvorstellungen für Wahrnehmungen. Wenn man z. B. eine polirte Marmorplatte ansiehet, so trägt man kein Bedenken zu behaupten, daß sie hart sey, obgleich uns dies unser Gesicht unmittelbar nicht lehrt, und auch nicht lehren kann. — — Bey dem gänzlichen Mangel irgend eines Sinnesorgans, fehlen auch alle Empfindungen, welche nur durch dasselbe erhalten werden können. So haben die Blinden keine Gesichtsempfindungen von Licht, von Farben, und ihre Vorstellungen davon beruhen blos auf palpablen Vergleichungen. Unsere Gesichtslose weiß freylich auch, daß wir beym Licht ohne Führer herumgehen können. Was aber Licht sey, weiß sie nicht, und wünscht es auch nicht zu wissen. Sie kann weder das Blitzen, in einer dunkeln Wetternacht, noch das Licht der Mittagssonne bemerken. Wenn sie sich einer brennenden Kerze nähert, so muß man sie warnen, oder das Licht wegnehmen, weil sie sonst mit der Hand durch das Licht fährt, und sich verbrennt, welches ihr schon zu oft wiederfahren ist. Wenn sie aus einem finstern, in einen sehr erleuchteten Ort, oder in Sonnenschein kömmt, so empfindet sie Schmerzen in den Augen. — —

sie an dieselben anstößt: Aber selten wird sie an einen ihr im Wege stehenden Menschen stoßen, vornehmlich wenn er in ihrer Größe, oder noch größer ist. Es scheint, daß Seßel und Tische den Strom der auf ihr Gehör und Körper stets wirkenden Luftmasse zu wenig hemmen, und folglich auch ihre Aufmerksamkeit weniger vermittelst des Gefühls, reitzen. — Nach der Beschreibung, wie sie dieses Gefühl erklärt, mag es eine Aehnlichkeit mit demjenigen haben, welches zuweilen in einigen Personen entstehet, wenn sie sich durch eine schnelle Wendung plötzlich sehr nahe vor einem Gegenstande befinden, wo sie kaum dem Anstoßen ausweichen können, oder wenn man ihnen etwas entgegen trägt, dem sie kaum ausweichen können. Einige wollen die Beobachtung bey sich gemacht haben, daß sie in solchen Umständen zuweilen Gegenstände fühlen, ehe sie jene berühren. — Beym Eintritt in ein fremdes Zimmer, in welchem sie nie war, erkennt sie, ob es groß, mittelmäßig, oder klein ist. Auch kann sie, wenn sie etwa in die Hälfte des Zimmers gekommen ist, bestimmen, ob dasselbe mehr lang oder mehr breit, oder ob es rund ist. — Wenn man sie auf der Straße führt, so merkt sie leicht, wo eine Gaße an ihrer Seite heraus kommt; das kann sie vermuthlich vermittelst des Luftzugs bestimmen, wiewohl sie es auch bey der größten Stille der Luft erkennt. — Wenn sie in freyem Felde von ohngefähr bey einem Gebäude oder Garten vorbey geführt wird, so entgehet nichts ihrer Aufmerksamkeit. Sie erkundiget sich, wem dieses Haus oder Garten gehöre. Das sonderbarste aber ist, daß sie erkennt, ob ein Garten mit Planken, Gelender, oder Staveten umgeben ist. Ein seltsames Beyspiel ihres feinen Gefühls erfuhr einer ihrer Freunde. Er führte sie auf einem Spaziergange im Grase, in der Entfernung von drey bis vier Schuhen längst einer Allee hin. Die Rede kam vom Gefühle naher Gegenstände, — — daß ich fühle, sagte sie, davon will ich sie gleich überzeugen. In meiner Rechten stehen einzelne Bäume in gerader Linie; geben sie mir ihr Stöckchen, damit ich hinüber reichen, und ihnen jeden Baum zeigen kann. Wirklich schlug sie damit im Vorbeygehen auf jeden Stamm, zog jedesmal die Hand wieder zurück, und so oft sie einem andern in die Nähe kam, streckte sie den Arm aus, und schlug darauf, so daß sie unter zwanzig Bäumen nicht einen verfehlte. — — An diesem hohen Grade von Empfindung hat jedoch das Gehör einen wesentlichen Antheil. Eine Art von Stille, welche durch die Hemmung der Circulation der Luft, die sie im Freyen empfindet, in ihren Ohren entstehet, macht, daß sie auf einen Gegenstand schließt, welcher ihren Ohren entgegen stehet, und die Circulation der Luft hemmt.

Die Entfernung der Gegenstände mißt sie durch die Bewegung ihres Körpers von einem Ort
zum

zum andern *), und die Dauer derselben; ferner durch den Schall, und selbst auch das Gefühl, dessen
wir

---

*) Die Vorstellung der Gesichtlosen vom Raum, scheint von der Vorstellung der Sehenden im wesentlichen, in so ferne sie nämlich das Außereinander und Nebeneinander möglich macht, nicht unterschieden zu seyn. Zu der empirischen Anschauung des Raums gelangen die Gesichtlosen, (sie mögen nun blind gebohren seyn, oder in dem frühsten Alter das Gesicht verloren haben) durch das Befühlen der Gegenstände, und durch die Bewegung ihres Körpers von einem Ort zum andern; und die Entfernungen der Körper messen sie ebenfalls theils durch die Bewegung ihres Körpers von einem Ort oder Gegenstand zum andern, und die Dauer derselben; theils durch den Schall, den die schallenden Körper erregen; theils durch den mehr oder minder veränderten Druck der Luft auf die Oberfläche des Körpers, und insbesondere auf das Sehhorgan. Von der Entfernung der Gegenstände, welche weder ihr Gefühl noch Gehör afficiren, oder zu denen sie sich auch nicht bewegen können, haben sie keine anschauliche Vorstellung; wiewohl man es ihnen durch die Reduction auf ein ihnen bekanntes Maß einigermaßen begreiflich machen kann. Das Betasten erregt in ihnen zunächst nur das Gefühl eines größern oder mindern Widerstandes, und die Vorstellung des Nebeneinanderseyens entwickelt sich erst dann, wenn sie beym Befühlen die Hand bewegen, und sich dieser Bewegung, welche schon den Raum voraussetzt, bewußt sind. — Das Hören ist zunächst die mit Bewußtseyn verbundene Empfindung derjenigen Veränderung in dem Gehörorgan, welche durch das Afficirtseyn der Gehörnerven verursacht wird. — Der Schall wird anfänglich in die Ohren, wie das Fühlen in die Gefühlwerk-

wir oben erwähnten. Die Dauer der Zeit beurtheilt
sie, theils nach der Folge ihrer Gedanken, theils
nach

werkzeuge versetzt. Erst nach einer langen Uebung,
nachdem man die verschiedenen Entfernungen der
schallenden Körper im Verhältniß zu der Schwäche
oder Stärke des Schalls betrachtet, und untereinander verglichen hat, lernt man aus dem Schall auf
die Entfernung des schallenden Körpers schliessen. —
Aehnliche Bewandtniß hat es auch mit dem Sehen
in Rücksicht auf die Vorstellung vom Raume. Da
das Sehen zunächst in der Wahrnehmung derjenigen
Veränderungen bestehet, welche durch den Eindruck
der Lichtstrahlen auf das Netzhäutchen im Auge veranlaßt werden; da ferner der Erfahrung zufolge den
Blindgebohrnen, welche durch eine chirurgische Operation das Gesicht erhielten, alle Gegenstände un=
mittelbar vor den Augen zu liegen schienen: so deucht mir augenscheinlich zu seyn, daß man
anfänglich aus den blossen Gesichtsempfindungen nicht
auf die Entfernung der vorgestellten Gegenstände
schliessen könne, und daß dazu eine längere Uebung
und Vergleichung der Gesichtsempfindungen mit jenen des Gefühls gehöre. Um aus der Stärke oder
Schwäche des Lichts, welches unsere Sehenerven
afficirt, und aus dem Winkel den von einem Gegenstande in unsre Augen zurückgeworfenen Lichtstrahlen
auf seine Entfernung und Größe zu schliessen, muß
anfänglich das Gefühl und die Bewegung zu Hülfe
genommen, und mit Wahrnehmungen des Gesichts
verglichen werden. — — Das Gesicht für sich selbst,
ohne einen andern Sinn zu Hülfe zu nehmen, würde
uns schwerlich jemals zur empirischen Anschauung
des Raums, nach allen seinen drey Dimensionen,
und noch weniger zur Vorstellung der Gestalt, welche
die Körper haben, verhelfen. — Die Vertheilung
des

nach ihrer Repetiruhr. Von dem Weltsystem hat sie einen klaren Begriff, und hält das Kopernikanische für das wahrscheinlichste. Sie kennt den Lauf der Planeten, und weiß, wie Sonnen- und Mondsfinsternisse sich ereignen. — —

des Lichts und Schattens giebt uns für sich allein betrachtet noch keine Vorstellung von der Gestalt und Ausdehnung der Körper nach den drey Dimensionen. — Urtheile über die Figur derselben, in so fern sie sich auf die Vertheilung des Lichts und Schattens stützen — setzen Vergleichung der Gefühlvorstellungen von der Form der Körper, mit jenen des Gesichts voraus. Einem Blindgebohrnen z. B. der das Gesicht erlangt, erscheint eine Kugel als eine in einigen Punkten mehr, in andern weniger beleuchtete Fläche. Das Gefühl und die Richtung der Bewegung der Hand lehrt ihn aber zugleich, daß sich dieselbe krümmet, und so lernt er auch nach und nach aus denen in sein Aug zurückgeworfenen Lichtstrahlen, die Gestalt der beleuchteten Körper kennen. — Der Blindgebohrne, welchen Chelseden operirte, war nicht im Stande die Gegenstände, wenn ihre Gestalt auch noch so verschieden war, durch das Gesicht, von einander zu unterscheiden. — — Die empirische Vorstellung, welche die Blindgebohrnen vom Raume haben, scheint einfacher zu seyn, als die der Sehenden, bey welchen sich einige Gesichtsvorstellungen, als Farben, Schatten, Licht u. s. w. einmischen. — — Die Frage, ob hieraus etwas für Priorität des Raums im Kantischen Sinne folgen könne, überlasse ich andern zu beantworten, da sie ohnehin außer den Gränzen dieses Aufsatzes liegt. —

Was die Vorstellungen unserer Gesichtlosen vom Schönen anbelangt, so sind sie für sie verlohren, in wieferne man dasselbe als einen Gegenstand des Gesichts betrachtet. Sie scherzt daher oft über das Wort schön, und sagt: entweder gebe es keine Schönheit, oder die Augen der Sehenden leisten da kein Genüge. Denn was einer tadelt, lobt ein anderer, und wenn ich über einen Gegenstand, welcher schön genannt wird, zehn verschiedene Personen frage, so wird jeder von einer andern Meynung seyn. Auch findet sie, daß wir in unsern Meynungen über die Schönheit sehr wandelbar sind, indem wir heute das loben, was wir morgen tadeln und so umgekehrt. Ihre Begriffe von der Schönheit dünken ihr, wo nicht richtiger, doch wenigstens standhafter zu seyn. Wenn sie eine Person schön nennen hört: so reducirt sie ihre Vorstellungen auf die Proportion, welche sie bey den schönen Statuen fand. Eine schöne Person dünkt ihr nur dann schön zu seyn, wenn zugleich ihre Aeusserungen ihren Beyfall finden. Die Schönheit der Formen bestimmt sie durch das Gefühl, und das Anfühlen der Statuen gewährt ihr ein ästhetisches Vergnügen. Je feiner und richtiger diese nach der Zeichnung gearbeitet sind, desto höher und inniger ist ihr Vergnügen. Ist die Statue von einer Meisterhand, und drückt sie irgend einen starken Affect aus, so erkennt sie ihn an der Spannung der Muskeln, und an der Stellung des Körpers. Auch wenn

sol=

solche in einer Handlung dargestellt ist, bestimmt sie dieselbe. In dem Müllerischen Kunstkabinet und Antikensaal findet sie daher ausserordentliches Vergnügen, und es ist erstaunend, was für Bemerkungen sie daselbst macht. Lachende, zornige, weinende, sanfte und ruhige Gesichter, kennt sie auf der Stelle. Sie kann sich gewisse Leidenschaften und Karrikaturgesichter so klar und lebhaft vorstellen, daß sie sich in ihrer Einbildung zuweilen Gesichter erschaft, über die sie selbst laut lachen muß. Z. B. kleine dickbackichte Gesichter mit breiten aufgestuzten Nasen; lange, hohlbackichte, neidische, geizige, hochtrabende, aufgeblasene, hochmüthige Gesichter. Auch drängen sich ihr in melancholischen, stillen, und einsamen Stunden zuweilen solche Gesichter auf, vor denen sie sich fürchtet. Dies geschahe ihr erst kürzlich, als sie mitten in einer Sommernacht, in einem offenen Wagen mit zwey Freundinnen über Land fuhr. Sie schliefen, es herrschte eine todte Stille, und ihre Phantasie fieng an ihr Zauberspiel zu treiben. Es dünkte ihr, es hüpfe ein kleines dickes Männchen mit breiten Lippen neben dem Wagen her, und glecke die Zähne bleckend auf sie hinein. Es überfiel sie hierauf ein Schauer, und es kostete sie viele Mühe, sich dieses Phantoms zu entledigen. — Wie die Farben aussehen, weiß sie nicht, und wer könnte ihr wohl dieselben begreiflich machen? Sie ist aber zufrieden damit, daß sie sich aus Hörensagen gewisse Regeln des Schicklichen und Anständigen in

An=

Ansehung der Verbindung der Farben gemerkt hat, nach welchen sie im gemeinen Leben sehr wohl fortkommt. Sie weiß z. B., daß himmelblau, rosenroth, meergrün, Farben der Jugend sind, welche überhaupt, vornähmlich aber die Blonden sehr gut kleiden, daß eine schwarze Kleidung dem Wuchse ein feineres Ansehen giebt, als eine weisse. Auch wählt sie die Zeuge und Farben zu ihrer Kleidung alle selbst; und niemals würde sie sich überreden lassen, ein Kleid zu nehmen, welches grün und gelb, schwarz und grün, oder grün und blau wäre. Ihr Kopf und ihre Kleidung sind ihre eigene Wahl, und sie hat ihre kleine Eitelkeiten in diesem Punkt eben so gut, als jedes andere Frauenzimmer. Bey ihrer Toilette zieht sie ihr Gefühl sehr fleißig zu Rathe, und nennt scherzweise die Finger ihre zehn Augen, oder ihren Spiegel. — Ihre Verwandten und Freunde, welche mit ihr vielen Umgang pflegen, und an ihre Handlungen gewohnt sind, vergessen sich oft, daß sie mit einer Blinden zu thun haben. Es ereignet sich oft, daß ihre Freunde sie nicht selten über Gegenstände des Gesichts zu Rathe ziehen. Z. B. beym Einkauf von Zeugen, Bändern, Blumen und dergl. Man zeigt ihr alles, und man ist nicht zufrieden, wenn ihr eine Sache mißfällt. Hier ist ein merkwürdiges Beyspiel dieser Täuschung. Einer ihrer Freunde, der sie fast täglich siehet, und welcher um seine Gesundheit sehr besorgt ist, und daher jede

Klei=

Kleinigkeit hoch aufnimmt, klagte ſich einſtens bey ihr über Augenſchmerzen. Sie antwortete ihm mit angenommenem Ernſt, laſſen ſie doch ſehen, wie ihre Augen ausſehen. Er ſtellte ſich vor ſie hin; ſie that als wenn ſie ihm ſcharf ins Geſicht ſähe, ſchüttelte den Kopf und ſagte: das glaube ich gerne, daß ſie Augenſchmerzen haben! auf dem linken Auge iſt ja ein weiſſes Fell. — — Er ſchrie laut auf vor Schrecken, lief zum Spiegel, und wurde erſt aus ihrem Lachen gewahr, daß er ſich irre.

Eine immerwährende Beſchäftigung iſt die Folge der Thätigkeit ihres Geiſtes. Sie iſt im Stande, indeß ſie auf das Clavierſpielen Acht giebt, zu ſtricken, Briefe zu dictiren, und ſich zugleich friſiren zu laſſen. — — Ihr ſtets reger Geiſt verurſacht bey ihr häufige Zerſtreuungen, worüber ſie am meiſten unzufrieden iſt. Jeder fremde Schall, jedes Geräuſch iſt im Stande ihre Aufmerkſamkeit an ſich zu reißen, und ſie von der gegenwärtigen Beſchäftigung abzuziehen, und während der Sehende ſeine Neugierde durch einen einzigen Blick befriedigt, muß ſie erſt aus der Combination mehrerer Umſtände auf den Gegenſtand, oder die Perſon welche eben eintritt, oder ein Geräuſch erregt, ſchließen. — — Eine Vorſtellung zieht die andere herbey, und veranlaßt tauſend Nebenvorſtellungen, welche bey uns Sehenden die ſichtbaren Gegenſtände leichter fixiren. Je weniger Eindrücke von Auſſen unſere Sinnlichkeit af-

fici-

ſciren, deſto größer iſt der Spielraum der Einbil⸗
dungskraft, deſto freyer ihre Thätigkeit, und deſto
häufiger die Zerſtreuung.

Ihrer vorzüglichſten Unterhaltungen ſind, das
Spazieren in angenehmen Gegenden, Lectüre,
Theater und Muſik. Ob ſie gleich nichts ſiehet,
folglich auch das Vergnügen an den ſichtba⸗
ren Gegenſtänden der Natur nicht genießt: ſo
weiß ſie doch einer Gegend vor der andern den Vor⸗
zug zu geben. Der Augarten zum Beyſpiel gefällt
ihr beſſer als der Prater, weil daſelbſt mehr Schat⸗
ten, beſſere Gerüche, und den Geſang mannigfalti⸗
ger Vögel genießen kann. — Dornbach zieht ſie
dem Augarten vor, weil ſie dort geſundere Luft,
Waſſerfälle, Gras und Hügel findet. Am liebſten
ſind ihr diejenigen Gegenden, wo die Scenen der
Natur abwechſeln, und ſowohl die Sinnlichkeit als
auch die Imagination beſchäftigt wird. Sie kann
aufs höchſte entzückt werden, wenn Sie durch ein
Dorf fährt, wo ſie den Gang einer Mühle, Dre⸗
ſchen und andere ländliche Arbeiten hört. Nicht we⸗
niger ergötzt ſie der Wohlgeruch der Feldblumen, die
Weiche des Graſes, und das Geblöcke des Viehes.
Sie irrt daher mit Vergnügen in den Wäldern her⸗
um, wo ſie das majeſtätiſche Rauſchen der Bäume,
den lieblichen Geſang der Vögel, und das Räußeln
der Bäche wahrnimmt. Am liebſten verweilt ſie bey
einem Waſſerfall. Sie erkennt durch das Gehör,
ob ſie ſich bey einem Bach, Strohm, oder Fluß be⸗
findet.

findet. — — Das Lesen macht ihr so viel Freude, daß man sich bey ihr durch nichts mehr einschmeicheln kann, als wenn man ihr, während dem als sie auf dem Klavier spielt, einen schönen Roman, oder eine interessante Geschichte vorliest. Grandißon ließ sie sich schon 3—4mal vorlesen. Aus manchen Dichtern weiß sie ganze Stellen, besonders aus dem Lichtwer auswendig. — Das Theater hat so viel Reitz für sie, daß, wenn es von ihr abhienge, sie es täglich besuchen würde, und obgleich sie gerne lacht, so gefallen ihr doch besonders die rührenden Stücke. — Im Umgange mit vertrauten Freunden ist sie sehr lustig, und sie belebt gewöhnlich die Gesellschaften, welche aus ihren Freunden und näheren Bekannten bestehen. Große Staatsgesellschaften sind ihr unerträglich, machen sie mürrisch, und veranlassen in ihr das peinliche Gefühl der langen Weile. Was sie noch einigermaßen interessiren kann, ist, wenn Jemand in ihrer Nähe etwas albernes schwätzt — vornehmlich, wenn sich die Person vornehm oder klug dünkt. — Da manche Menschen, welche nie Umgang mit Blinden hatten, oft in dem irrigen Wahn stehen, als seyen die Gesichtslosen zugleich gehörlos; so geschieht es zuweilen, daß dergleichen Personen die gewöhnliche Behutsamkeit ausser acht lassen, und ihr einen reichen Stoff zur Unterhaltung und zum Lachen dadurch geben, daß sie ihre Liebesverständnisse und andere Heimlichkeiten entdecken. —

II.

II. Wirkungen des Schreckens auf den Körper.

Vor mehreren Jahren fuhr der Blitz bey dem heitersten Wetter zu E. — in ein Gebäude, und drang in das Zimmer, in welchem sich der Bediente eines Mannes befand, von dem ich diese Geschichte hörte. Er sank betäubt zusammen, und lag mehrere Stunden ohne ein Zeichen des Lebens zu äußern. Endlich war er durch die Sorgfalt der Aerzte zwar wieder hergestellt; allein seit dieser Zeit fand sich bey ihm ein sonderbarer Umstand ein, welcher die Aufmerksamkeit der Anthropologen verdient. Es bemächtigte sich nähmlich seiner eine so ausserordentliche Furchtsamkeit, daß er, wenn man mit ihm nur laut sprach, zusammenfuhr, und wenn die Thüre zugeschlagen wurde, oder irgend ein anderes Geräusch entstund, vor Schrecken zitterte. Sein Herr gab sich alle erdenkliche Mühe, um ihn von diesem Uebel zu befreyen, und an das laute Reden zu gewöhnen, aber er behielt seine Furchtsamkeit bis zum Tode bey, welcher auch in einigen Jahren darauf erfolgte.

III. Beyspiele von einer ausnehmenden Schärfe und Feinheit des Geruchorgans.

Man liest auffallende Beyspiele von der Schärfe der Sinne unter den wilden Nationen; aber man findet

det auch unter den cultivirten Menschen einzelne Individuen, bey denen der eine oder der andere Sinn ausnehmend fein und empfindlich ist. Dies gilt besonders von dem Geruch = Gesichts = und Gefühlorgan. Ein merkwürdiges Beyspiel dieser Art wurde mir von bewährten Männern von einem Waldhüther in S...g in der Pest. Gespannschaft erzählt. Derselbe hatte ein so feines Geruchsorgan, daß er auf der Jagd die Hasen eher witterte, als der Jagdhund. Nicht selten schoß er drey Hasen nieder, ehe die Hunde nur einen ausfindig machen konnten. —

In Deutschbrod in Böhmen lebte vor ein Paar Jahren ein Mädchen, welches mit dem Vater auf die Jagd zu gehen pflegte, die Stelle der Hunde vertrat, und immer richtig auf die Spur des Wildes kam.

Man erzählt von dem verstorbenen Cardinal Alex. Albani, welcher ein großer Mäcen der schönen Künste war, daß er, nachdem er blind geworden, in Gesellschaften junge Damen von den alten durch den Geruch unterschieden habe. — Er wußte auch vermittelst des Gefühls ächte Münzen von unächten zu unterscheiden.

Es giebt Leute, bey denen das Geruchsorgan von einigen Körpern, welche sonst auf andere Menschen keine wahrnehmbare Wirkung thun, so sehr afficirt wird, daß sie in Ohnmachten verfallen, sich erbrechen, und noch andere Veränderungen erleiden.

Es ist eine bekannte Thatsache, daß sich viele Individuen in einem Zimmer, wo sich eine Katze befindet, nicht aufhalten können, ohne sich den ihrer Gesundheit nachtheiligen Zufällen muthwillig auszusetzen. Ein gewisser General M. kam in ein herrschaftliches Haus, und als er in das erste Zimmer trat, schrie er ganz bestürzt aus, es wäre eine Katze da, und sahe sich gezwungen das Zimmer sogleich zu verlassen, und sich in die freye Luft zu begeben. Man suchte alles sorgfältig durch, und fand wirklich eine Katze im dritten Zimmer; auf die Art drang die Ausdünstung der Katze aus dem dritten Zimmer in seine Nase. — Die Beschaffenheit der Nerven, da man gegen gewisse Eindrücke ausserordentlich und ungewöhnlich empfindlich ist, und sich entweder nach den Gegenständen, von welchen sie gemacht werden, ungemein sehnt, oder sie verabscheut, nennt man Idiosynkrasie. Sie ist entweder Antipathie oder Sympathie. Aber hievon ein andermal mehreres. —

II. Anthropologische Krankheitskunde.

I. Melancholie aus Aberglauben.

Vor ungefähr fünfzehn Jahren gieng ein gemeiner Mann vom Regiment C. zur Osterbeichte zu den Fr. * * * in K. Sein Beichtvater, dem er vielleicht etwas Auffallendes gebeichtet hatte, wollte ihn nicht

absol=

absolviren, und sagte ihm, er würde ewig verdammt werden. Dieses Verdammungsurtheil erschütterte den Sünder so sehr, daß er in die tiefste Melancholie verfiel, seinen Dienst nicht mehr versehen konnte, und in das Spital geführt werden mußte. Man reichte ihm die nöthigen Medicamente, und suchte ihn auf alle Art zu zerstreuen und aufzumuntern, aber alle Versuche liefen fruchtlos ab. — Nach vielem Nachforschen kam man endlich auf den Grund seiner Melancholie, da er einstens aussagte, er sey nach dem Spruch seines Beichtvaters ewig verdammt. Man rief sogleich den Regimentspater, welcher den Kranken täglich besuchte, und ihm seine Grille aus dem Kopf bringen wollte. Aber auch diese Bemühung blieb ohne Wirkung. — Eines Tages, da sein Krankenwärter ums Essen gieng, bekam er irgendwoher ein Messer, und fieng an sich den Hals abzuschneiden. Der Chirurgus kam noch bey Zeiten hinzu, preßte die Wunde zusammen, und heilte sie nach einiger Zeit. — Nachdem die Wunde geheilt war, versuchte man aufs neue alles mögliche, um den Unglücklichen von der fixen Vorstellung wegzubringen. Da aber kein Mittel war, ihn davon zu befreyen, so fand man sich genöthigt, ihn unter die Invaliden zu geben. Beym Transport bath er den Chirurgus, daß er ihn umbringen möchte. So mußte dieser in seinem Dienste äußerst eifrige, und von Seiten seiner Aufführung gelobte Mann den Rest seines Lebens unter

ter den grausamsten Quaalen einer kranken Phantasie
fortsetzen. —

II. Eine Geschichte ähnlichen Inhalts.

Im Jahr 1764 bestunden noch die Bruderschaf=
ten in *** welche sich unter andern zur Hauptpflicht
machten, bey der Hinrichtung der Delinquenten ge=
genwärtig zu seyn, und für sie eine gewisse Anzahl
von Messen lesen zu lassen. Im besagten Jahre er=
eignete sich, daß ein Weib, welches ihr uneheliches
Kind ums Leben gebracht hatte, nach den Gesetzen
enthauptet wurde. Die Bruderschaft erschien an dem
bestimmten Tag, zur bestimmten Stunde auf dem
Richtplatz, umzingelte denselben, bethete für die
Seele der Unglücklichen, und ließ für die Hingerich=
tete mehrere Messen lesen. — Eine Weibsperson aus
der Menge der übrigen Zuschauer, betrachtete die
Bruderschaft mit tiefer Ehrfurcht, und der ganze Akt
samt dem Meßlesen machte einen so tiefen Eindruck
auf ihre Einbildungskraft, daß sie um dieser Ehre
willen, und zugleich um der Seligkeit theilhaftig zu
werden (denn bey den gemeinen Leuten herrscht ge=
wöhnlich die Meinung, daß die Hingerichteten jenseits
des Grabes nicht mehr gestraft werden, weil sie auf die=
ser Welt für die Vergehungen mit ihrem Leben büßen)
einen Mord zu begehen beschloß. Sie bemächtigte sich
auf dem Felde eines Kindes, ermordete es, und grab
sich

sich bey dem nächsten Richter, als Thäterin an. Als
sie hierauf verhört wurde, sagte sie ohne Scheu aus,
sie habe den Mord begangen, weil ihr der oberwähn=
te Akt bey der Hinrichtung gefiel, und sie auch die Ehre
wünschte von der Bruderschaft begleitet zu werden,
und der vielen Messen für ihre Seele theilhaftig zu
werden.

III. Fortpflanzung der Melancholie von der Mutter auf die Tochter, bey der sie sich in Wahnsinn verwandelte.

Die Gattin eines gelehrten, erfahrenen, und
was die körperliche Beschaffenheit anbelangt, sehr ge=
sunden Mannes, war periodenweise melancho=
lisch, aber nie wahnsinnig oder rasend. Die Söhne
dieses Ehepaars sind alle gesund und voller Talente,
einer darunter ist ein berühmter Professor der Mathe=
matik. Die Töchter hingegen sind alle melancholisch,
wie ihre Mutter. *) Eine davon, die Gattin eines
wür=

---

*) Die Erfahrung scheint zu lehren, daß die Töchter
in Ansehung ihrer körperlichen und zuweilen auch
den Geistesanlagen meistens ihren Vätern, die
Söhne hingegen ihren Müttern nachgerathen. Es
wäre wohl der Mühe werth, den Gesetzen dieser Er=
scheinung genauer nachzuforschen, und dieselben bey
der Wahl des Gatten, um dadurch die Familien und
die Menschheit überhaupt zu veredeln, in Anschlag
zu bringen. A. d. H.

würdigen gelehrten Profeſſors der Theologie iſt von Geburt an bey einem wohlgebauten ſtarken Körper, am Geiſte ſchwach, und war ſchon mehrmal, meiſtens alle zwey bis drey Jahr wahnſinnig. Ihre Conſtitution iſt gallicht. Während ihrem Wahnſinn ſind ihre Hypochondrien geſpannt, ſie leidet an Verſtopfungen und Winden. Ich curirte ihren Wahnſinn, (ſchreibt der Arzt) dreymal glücklich, ſo wie man gallichte Hirnwuth nach des unſterblichen Stolls Meiſtercur heilt; mit der Zugabe, daß ich gegen das Ende der Krankheit bittere Sachen und Campher, und zuweilen auch Opiate brauchte. — Einmal wurde ſie in Großwardein geheilt. Ihre Cur dauerte ſehr lange; auch die Electricität wurde angewendet. Das nächſt letzte Mal war ihre Raſerey außerordentlich; alles Selbſtgefühl, ſelbſt die Schamhaftigkeit verlohr ſie. Sie ſpielte mit ihrem Unflath, und ich fand keine Indication mehr — handelte endlich empiriſch. Kein, ſelbſt der heftigſte Blutverluſt bis zur Ohnmacht mehrmal wiederholt, — kein Brechmittel, ſelbſt das trockne Maryatiſche wiederholt gegeben, keine Auflöſung von Tartar ſolub. Unzenweiß bis zum luftvollen fixen Pflanzen-Alkali in ſtärkſten Doſen; keine Doſis Camphorä, kein Opium ſelbſt nach D. Simon nicht, keine körperliche Strafen, Riemen, Schnallen, Ketten, Schläge, keine blaſenziehende Pflaſter — ſelbſt die Halsſchnur nicht; — keine andern künſtlichen Geſchwüre, ſelbſt nach Bromfield nicht, — keine

Bäder,

Bäder, selbst Dampfbäder konnten ihr helfen. — —
Einige Minuten, Stunden, schien sie stille zu seyn,
dann rasete sie wie zuvor. — — Endlich kam ein
altes Weib, dieses gab ihr ein abstringirendes Kräut‑
chen (es schien mir Rut. mur. zu seyn) mit einer ver‑
steckten tüchtigen Dosis Cantharideu = Pulver, in Wein
gekocht, ein. Die kranke Frau bekam Colik, und
harnte durch drey Tage einen blaßen Urin, mit Blut
und Schleim. Gleich bey dem ersten Schmerze wurde
sie ruhiger, fieng bitterlich an zu klagen, darauf zu
weinen, und ihren traurigen Zustand zu erkennen. In
drey Tagen war sie geheilt, und ist auch jetzt noch
gesund.

IV. Mord als Folge der Melancholie.

Gleichwie man bey der Beobachtung der Natur‑
begebenheiten auf Fälle stößt, wo sich kein zureichen‑
der physischer Grund ihrer Entstehung angeben läßt:
eben so findet man im menschlichen Gemüthe Erschei‑
nungen, die wir zwar als Thatsachen wahrnehmen,
deren Ursachen und Entstehung wir aber nicht immer
erklären können. Eine Geschichte dieser Art wurde
mir von Hrn. von W., Comitatsphysicus in der
Zempliner Gespannschaft mitgetheilt, welche ich nebst
einigen andern hier einschalten werde.

Im Dorfe Weleyte, in der Zempliner Gespann‑
schaft, schnitt ein Bauernweib ihrem dreyjährigen

Kinde

Kinde die Luftröhre durch, und stieß hernach das
nähmliche Mordmesser in ihren eigenen Leib. Folgende
Umstände dieser Begebenheit, welche dem Hrn. Comi=
tatsphysicus bekannt waren, verdienen hier angeführt
zu werden. Die Mörderinn war in ihrem besten Alter.
Sie wurde von ihrem Mann nie gemißhandelt, wurde
vor keiner Gewissensunruhe gefoltert, und von keinen
Nahrungssorgen gedruckt, indem ihr Mann einer der
wohlhabendsten im Orte war. Sie war nicht geizig,
und kein geheimes Krankheitsgift verzehrte ihren Leib,
und machte sie ihres Lebens überdrüßig. Sie hatte
vier Kinder, und liebte das ermordete, welches nie
von ihrer Seite wich, am meisten. Sie selbst war
arbeitsam, und beschäftigte sich noch ein Paar Tage
vor der Mordthat mit Säubern und Waschen. ———
Ihre Leidenschaften waren nicht heftig. Bloß eine perio=
dische, intermittirende Sinnen= und Verstandesverwir=
rung scheint die Triebfeder des doppelten Mordes ge=
wesen zu seyn.

Sie lag mit vielen andern an einem Faulungs=
fieber krank. Nach dem Gebrauch einiger Arzneyen
schien sie dem Wundarzte, welcher sie curirte, und
den Hausgenossen ganz hergestellt zu seyn. — In=
dessen bemerkte man, daß sie beym eintretenden Voll=
monde zwey bis drey Tage ungewöhnlich still, nach=
denkend, mürrisch, in sich selbst gekehrt und schwäch=
lich war. Sie brachte diese Tage meistens an der
Seite des oberwähnten Kindes im Bette liegend zu.

Ihr

Ihr Ehemann brachte sie dieser anscheinenden oder wirklichen Schwächlichkeit halber zum Wundarzt, der ihr zur Ader ließ, und zugleich einige Arzneyen nach seiner Einsicht verordnete. Aber sie unterließ den Gebrauch derselben.

Nicht lange darnach, am Abend vor ihrer Selbstentleibung, verfiel sie in die nähmliche Stille. Sie legte sich zeitig in das Bette, schien gedankenvoll und traurig zu seyn. Ihr Mann bat sie, sich der Traurigkeit zu entschlagen, indem ihr weder Noth noch andere Ursachen dazu Gelegenheit gäben. Sie antwortete darauf: Mir fehlt was anders, nicht Sorgen. Er gieng des folgenden Tages aufs Feld, und ließ sie in der Gesellschaft der alten Mutter, und ihrer vier Kinder zu Hause. Das unglückliche Kind, welches ihr Liebling war, wollte in den Hof hinaus, aber nicht ohne die Mutter; es bat sie daher, mit hinauszugehen, und hieng sich an sie. Sie nahm es, und erstieg mit ihm den Hausboden. Erst tödtete sie daselbst ihr Kind, dann entfernte sie sich einige Schritte, kehrte dem Kinde den Rücken zu, und vollbrachte den Selbstmord an sich selbst. Sie blieb einige Zeit da sitzen, bis ihr langes Ausbleiben Unruhe verursachte, und das Nachsuchen veranlaßte. Man fand sie in dieser Lage bey ihrem ermordeten Kinde, führte sie ins Zimmer herab, ohne den Stich, welchen sie sich am Oberleibe versetzt hatte, wahrzunehmen. Denn sie legte sich ohne Klagen, und ohne die mindeste

Aeußerung des Schmerzens nieder. Ihre Wunde verbarg sie, indem sie die Schürze hoch über dieselbe band. Die Anwesenden hielten ihr Röcheln für das Schluchzen aus Reue über die verübte Mordthat. Kaum eine Stunde vor ihrem Tod verrieth das Blut, welches durch das Hemd, Röcke und Schürze drang, die an ihrem eigenen Leibe verübte Mordthat. Man fand auch einen Strick bey ihr in der Tasche.

Ihren Mann fand der Comitatsphysicus todtenblaß mit anscheinendem Appetit aus einer vollen Schüssel essen; da indessen die Entleibten vor seinen Füssen lagen. Seine schmerzhafte Miene zeigte viel Gefühl an. Aus Mangel der chirurgischen Instrumente, indem der Arzt nur durch einen Zufall in das Dorf kam, konnten sie nicht geöffnet werden.

Obgleich die Ursache dieser schauderlichen Mordthat bloße Melancholie und Wahnsinn war: so wollte man die Mörderinn, des vom Vicegespann ergangenen Befehls ohngeachtet, nicht ehrlich begraben lassen. Es fand sich aber niemand, der sie begraben hätte. Der unglückliche Mann sahe sich endlich genöthigt, einen Karren zu nehmen, ein blindes Pferd in denselben einzuspannen, und durch einen wandernden Bettler, den er für baares Geld aufnahm, die Todte fortführen und neben der Strasse einscharren zu lassen. Das arme Thier, welches eingespannt war, reizte der Bettler durch Schläge; und ließ es mit Vorsatz in alle Welt laufen. Es irrte in der Gegend einige

Tage

Tage eingespannt herum; bis endlich der Vicegespahn dies erfuhr, und die Widerspenstigen zur Rechenschaft zog. Dies ereignete sich unter der Regierung Kaiser Josephs des II.

V. Etwas ähnlichen Inhalts.

Welchen heftigen Nervenkrankheiten die Schwangern und Wöchnerinnen unterworfen sind, lehrt die medicinische Erfahrung. Wie sehr diese auf die Neigungen und Willensäusserungen einfließen, beweißt unter andern auch folgende Thatsache. — Eine Wöchnerinn in Ujhelly (Ujhely) in der Zempliner Gespannschaft schnitt ihren Zwillingen den Hals ab, und wollte auch ihr drittes Kind, und ihren Mann zugleich ums Leben bringen. Sie starb hernach in der Raserey.

VI. Die Blindheit als Folge des Kummers; aus einem Briefe aus Kamtschatka von 1792.

Es brachte ein auf den Bieberfang ausgeschicktes russisches Schiff 13 Japoneser nach Kamtschatka, welche, nachdem ihr Schiff zertrümmert war, gegen die Aleuthischen Inseln getrieben und daselbst ausgeworfen wurden. Sie waren mit einem mit dem Reiß beladenen Schiffe nach einer ihrer nächsten Städte abgesegelt, und verlohren durch das Anstoßen an ein

anderes Schiff bey dem stärksten Nebel das Steuer=
ruder. Darauf wurden sie in die weite See gewor=
fen, ohne zu wissen wo sie wären, und konnten sich
auf keine Art helfen. Ihre gefahrvolle Wanderschaft
auf der See dauerte acht Monathe. Sie haben mehr=
malen Todesangst ausgestanden, und litten besonders
großen Mangel an Wasser, das sie nicht anders als
beym Thau und Regen auffangen konnten. Der Prin=
cipal des Schiffs, ein reicher und wohlhabender Mann,
welcher eine Familie hatte, weinte und grämte sich
so sehr, daß er blind nach Kamtschatka kam, und
zuletzt auch daselbst starb. Die übrigen waren alle
krank, und von vielem Sitzen lahm; wovon die mei=
sten starben.

VII. Schönheitssucht, eine Quelle un=
menschlicher Grausamkeit.

Der Unterschied welcher zwischen den beyden Ge=
schlechtern in Ansehung der Gefühle, Affecte und Lei=
denschaften statt findet, ist zu auffallend, als daß er
nicht jedermann in die Augen springen sollte. Der
zarte Körperbau der Frauenzimmer, die Empfindsam=
keit ihrer Nerven, und die Beschaffenheit ihrer ge=
sammten Organisation erhöhet ihre Empfänglichkeit ge=
gen alle sinnliche Eindrücke, und die Lebhaftigkeit
ihrer Einbildungskraft und ihres Temperaments macht
sie in den meisten Affecten und Leidenschaften heftiger.

Die

Die Liebe ist ihr Interesse und ihre vornehmste Beschäftigung; die Eitelkeit eine ihrer gewöhnlichsten moralischen Krankheiten, welche letztere am gefährlichsten wird, wenn sie sich auf die Schönheit gründet, und von der Sucht, dem andern Geschlechte zu gefallen, oder Aufsehen zu machen, begleitet wird. Nicht selten ist sie die Quelle der empörendsten Grausamkeiten und der unmenschlichsten Handlungen. Eine in dieser Rücksicht äußerst merkwürdige Geschichte einer ungarischen Dame findet man in einigen ungarischen Geschichtschreibern, als in Ladislaus Thurotz, Istwanfy u. s. w. aufgezeichnet. Ich erzähle die hieher gehörigen Umstände sowohl nach den besagten Geschichtschreibern, als vorzüglich nach den vorhandenen gerichtlichen Urkunden:

Elisabetha *** putzte sich ihrem Gemahle zu Gefallen in ungemeinem Grade, und brachte halbe Tage bey der Toilette zu. Einstmals versahe eines ihrer Kammermädchen, wie Thurotz erzählt, etwas an dem Kopfputz, und bekam für das Versehen eine so derbe Ohrfeige, daß das Blut auf das Gesicht der Gebieterinn sprützte. Als sie mittlerweile den Blutstropfen von ihrem Gesichte abwischte, schien ihr die Haut auf dieser Stelle viel schöner, weißer und feiner zu seyn. Sie faßte sogleich den unmenschlichen Entschluß, ihr Gesicht, ja ihren ganzen Leib in menschlichen Blute zu baden, um dadurch ihre Schönheit und ihre Reitze zu erhöhen. Bey diesem grau=

samen

samen Vorsatz zog sie zwey alte Weiber zu Rathe, welche ihr den gänzlichen Beyfall gaben, und bey diesem grausamen Vorhaben an die Hand zu gehen versprachen. In diese blutdürstige Gesellschaft ward auch ein gewisser Fitzko, Zögling der Elisabeth von *** aufgenommen. Dieser Wütherich tödtete gewöhnlich die unglücklichen Schlachtopfer, und die alten Weiber faßten das Blut auf, in welchem sich dann dieses Ungeheuer in einem Trogen um 4 Uhr Morgens zu baden pflegte. Nach dem Bade kam sie sich immer schöner vor. Sie setzte daher dieses Handwerk auch nach dem Tode ihres Gemahls fort, welcher im Jahr 1604 starb, um neue Anbeter und Liebhaber zu gewinnen. Die unglücklichen Mädchen, welche unter dem Vorwande des Dienstes durch die alten Weiber in das Haus der Elisabetha von *** gelockt wurden, brachte man unter verschiedenem Vorwand in den Keller. Hier ergriff man sie, und schlug sie so lange, bis ihr Körper anschwoll. Elisabetha *** peinigte die Unglücklichen nicht selten selbst, und sehr oft wechselte sie ihre vom Blute triefenden Kleider um, und fieng dann ihre Grausamkeiten aufs neue an. Der aufgeschwollene Körper der unglücklichen Mädchen wurde dann mit Scheermessern aufgeschnitten. Nicht selten ließ dieses Ungeheuer die Mädchen brennen und dann schinden. Die meisten wurden bis zum Tode geschlagen.

Die

271

Die Vertrauten, welche ihr bey dem Prügeln nicht behülflich seyn wollten, schlug sie selbst; im Gegentheil belohnte sie diejenigen Weiber reichlich, welche ihr die Mädchen zuführten, und sich bey der Ausübung der Grausamkeiten als Werkzeug gebrauchen ließen.

Sie war auch der vermeynten Zauberey ergeben; hatte einen eigenen Zauberspiegel in Gestalt einer Bretze, bey dem sie stundenlang bethete.

Gegen das Ende gieng ihre Grausamkeit so weit, daß sie ihre Leute, zumahl Mädchen, die mit ihr im Wagen fuhren, zwickte und mit Nadeln stach. Eines ihrer Dienstmädchen ließ sie nackend aussehen, und mit Honig beschmieren, damit es von den Fliegen aufgefressen werden sollte. — Als sie krank wurde, und ihre gewöhnlichen Grausamkeiten nicht ausüben konnte, ließ sie eine Person zu ihrem Krankenbette kommen, und biß dieselbe wie ein wildes Thier.

Sie brachte auf die oben beschriebene Art gegen 650 Mädchen ums Leben, theils in Tscheita (Cseita in der Neutrauer Gespannschaft) wo sie einen eigenen dazu eingerichteten Keller hatte, theils in andern Orten; denn das Morden und Blutvergießen war bey ihr zum Bedürfniß geworden. Als so viele Mädchen aus der benachbarten Gegend, die man unter dem Vorwand des Dienstes, oder der fernern Ausbildung in das Schloß brachte, verloren giengen, und die Eltern auf ihre Nachfrage nie befriedigende und meistens

stens zweydeutige Antworten erhielten, so wurde die
Sache verdächtig. Man gab vor, die Mädchen wären an einer Krankheit gestorben. Als die Eltern den
Ort des Begräbnißes wissen wollten, wurden sie mit
Grabliedern abgespeißt. Zuletzt hat man durch die Be-
stechung des Gesindes so viel herausgebracht, daß
die vermißten Mädchen gesund in den Keller gegangen, und nie wieder zum Vorschein gekommen wären. Die Sache ward nun sowohl bey Hofe, als
auch bey dem damahligen Palatin Thurzo angegeben.
Der Palatin ließ das Schloß Tscheita überfallen,
stellte die strengsten Untersuchungen an, und entdeckte
die schaudervollen Mordthaten. Das Ungeheuer ward
für die begangenen Greuelthaten zu einem ewigen Ge-
fängniß verdammt, ihre Mitschuldigen aber wurden
hingerichtet. — — Nihil mediocre in muliere
seu bona sit, seu mala! In diese Worte brechen
hierbey Matthias Bel und Thurotz aus.

Druckfehler.

S. 18. n. 8. l. Hexenfahrt, anstatt Hexenfurcht.
63. Zeile 12. gewis, anstatt Gewinnst.

Verbesserungen.

S. 137. in der Anmerk. Z. 21. lies **kleinen**, statt kleineren.
— 141. Z. 2. lies **Bitten**, statt Sitten.
— 163. — 13. l. **Polygnote**, st. Polygnete.
— — — l. **Zeuxis**, st. Znuxis.
— 178. Anm. 35. Z. 1. l. Akt II. st. Akt 11.
— 179. — — 3. l. virgo, st. origo.
— 180. — — 2. l. Aegina, st. Angina.
— 182. — — 38. die letzte Zeile, l. Nymphomanie, st. Nymphonanie.
— 189. — Z. 5. setze man zu: Hom. Odyss. hinzu: I, 439.
— 191. Z. 22. l. **mit dem waffenschmiedenden**, st. mit Waffenschmiedenden.
— 200. — 11. in der Anm. l. **Krates**, st. Kretes.
— 208. — 2. von Bedürfnissen, st. an Bedürfnissen.
— — in der Anmerk. 52. l. I, 8. st. l. 8.
— 212. Z. 2. v. unten, l. **Plateäa**, st. Platoa.
— 214. — 11. l. ihm, st. ihn.
— 217. — 5. l. auch, st. noch.
— 261. am Ende der Anm. l. A.D.H. st. A. D. E.

www.ingramcontent.com/pod-product-compliance
Lightning Source LLC
Chambersburg PA
CBHW031930230426
43672CB00010B/1878